2018年教育部人文社会科学研究一般项目（18YJEZH001）

# 先进智能制造技术

》主　编　张松林　吴　敏　梁美玉
》副主编　王　伟　张天飞　李　美　刘传柱
　　　　　张　磊　李婷婷　龙海燕

U0172175

华中科技大学出版社
http://www.hustp.com
中国·武汉

图书在版编目(CIP)数据

先进智能制造技术/张松林,吴敏,梁美玉主编.—武汉:华中科技大学出版社,2022.8
ISBN 978-7-5680-8605-9

Ⅰ.①先… Ⅱ.①张… ②吴… ③梁… Ⅲ.①智能制造系统-教材 Ⅳ.①TH166

中国版本图书馆 CIP 数据核字(2022)第 139404 号

先进智能制造技术
Xianjin Zhineng Zhizao Jishu

张松林　吴敏　梁美玉　主编

策划编辑:张　毅
责任编辑:郭星星
封面设计:孢　子
责任监印:朱　玢
出版发行:华中科技大学出版社(中国·武汉)　　电话:(027)81321913
　　　　　武汉市东湖新技术开发区华工科技园　　邮编:430223
录　　排:武汉蓝色匠心图文设计有限公司
印　　刷:武汉市洪林印务有限公司
开　　本:787mm×1092mm　1/16
印　　张:12.25
字　　数:306 千字
版　　次:2022 年 8 月第 1 版第 1 次印刷
定　　价:48.00 元

# ▶ 前 言 ▶▶ ▶

在高等教育趋于大众化的今天,培养适应地方产业转型和发展需要的高素质应用型人才是地方应用型高校的首要任务。在先进智能制造领域,信息技术的快速发展和先进控制技术的日趋复杂,对应用型人才的培养提出了更高的要求。应用型高校必须面向企业需求,以学生主体为出发点,全面培养学生的自学能力、工程能力、产品意识和创新精神。

为了开阔相关专业视野,培养高素质应用型人才,促进先进智能制造技术在我国的研究、应用和推广,众多高校均开设"先进智能制造技术"课程作为在校学生的必修课程。

先进智能制造技术利用计算机模拟制造业领域的专家的分析、判断、推理、构思和决策等智能活动,并将这些智能活动和智能机器融合起来,贯穿应用于整个制造企业的子系统,以实现整个制造企业经营运作的高度柔性化和高度集成化,对制造业领域专家的智能信息进行收集、存储、完善、共享、继承和发展。因先进智能制造技术涉及学科专业方向较多,为使本书重点更加聚焦,本书将依托苏州博众精工科技股份有限公司的先进智能制造生产线作为对象进行撰写。

本书针对智能制造与先进控制技术的前沿进行介绍,重点使自动化类和电气类专业相关技术人员与学生了解和掌握我国工业控制领域的典型或热点的工程复杂问题的解决方法。全书共分为7章:第1章概论,介绍柔性制造系统FMS的发展概况,有助于了解先进制造系统;第2章多传感器数据采集单元,从自动化非标设计的角度介绍传感器的典型应用;第3章物流传输系统,介绍双层线的设计与开发,重点是掌握PLC技术的应用;第4章自适应气动系统,介绍典型的气动控制在智能制造系统中的应用,重点是学习气路的设计;第5章智慧型步进控制单元,是基于LabView的智慧步进系统的应用,重点阐述了基于LabView多轴步进的控制方法;第6章高速直线电机单元,重点介绍高速电机的典型应用,了解高速电机的工作原理和控制方法;第7章精密伺服控制系统,系统地阐述了伺服控制系统的设计方案和实现路径。

本书由张松林、吴敏、梁美玉担任主编,王伟、张天飞、李美、刘传柱、张磊、李婷婷、龙海燕担任副主编。本书的出版得到安徽信息工程学院科研项目课题[产学研融合的智能制造技术人才培养模式及实践研究,2018年教育部人文社会科学研究一般项目(18YJEZH001)]基金的资助,在此表示由衷的感谢。

智能制造技术发展迅速,涉及应用领域十分广泛,由于编者水平有限,不足之处在所难免,敬请读者批评指正。

编者

2022年5月

# ▶ 目录 ▶▶ ▶

# 第1章 概　　论

## 1.1　FMS 的形成

随着科学技术的发展和多品种、小批量自动化生产的需要,柔性制造系统(flexible manufacturing system,FMS)已越来越受到人们的重视。FMS 涉及的领域包括机床、电子技术、液压传动、机器人技术、控制技术、计算机技术及系统工程等,它是一种集多种高新技术于一体的现代化制造系统。

FMS 的内涵本身就决定了它必须获取、处理、存储制造系统中的大量信息,并在一个集成环境中共用这些信息。集成环境主要是指计算机集成制造系统(CIMS)框架下的制造信息系统(MIS),即在特定环境中用于信息管理的若干硬件、软件及相关人员的有机组合,为完成信息的获取、表达、交换、使用、存储等功能而构成的集合体。其硬件设备包括输入设备、输出设备、存储设备、传输设备及信息设备等,最重要的是用于信息处理的计算机系统和用于信息传输的制造自动化系统(MAS)网络系统,其示意图如图 1-1 所示。

在我国,FMS 有如下定义:柔性制造系统是由统一的信息控制系统、物料储运系统和数台数控设备组成的,能适应加工对象变换的智能自动化机电制造系统,它包括多个柔性制造单元,能根据制造任务或生产环境的变化迅速进行调整,适用于多品种、中小批量生产。

美国制造工程师协会的计算机辅助系统和应用协会把柔性制造系统定义为:使用计算机控制柔性工作站和集成物料运输装置来控制,并完成零件族某一工序或一系列工序的一种集成制造系统。

还有一种更直观的定义:柔性制造系统是由至少两台机床、一套物料运输系统(从装载到卸载具有高度自动化)和一套计算机控制系统组成的制造系统,它采用简单改变软件的方法便能制造出某些部件中的任何零件。

由于柔性制造系统还在发展中,因此其概念尚无统一的定义,但综合起来可以认为:柔性制造系统是在自动化技术、信息技术和制造技术的基础上,通过计算机软件科学,把工厂生产活动中的自动化设备有机地集成起来,打破设计和制造的界限,取消图纸、工艺卡片,使产品设计、生产相互结合,适用于中小批量和较多品种生产的高柔性、高效率的制造系统。

首先,由装卸站完成工件的装夹,将毛坯安装在早已固定在托盘上的夹具中。然后物料传输系统把毛坯连同夹具和托盘输送到进行第一道加工工序的加工中心旁边排队等候,一旦加工中心空闲,工件就立即被送到加工中心进行加工。每道工序加工完毕以后,物料传输系统还要将该加工中心完成的半成品取出并送至执行下一工序的加工中心旁边排队等候。如此不停地进行至最后一道加工工序。在完成工件的整个加工过程中,除进行加工工序之外,一般还要进行清洗、检验以及压套组装等工序。

1

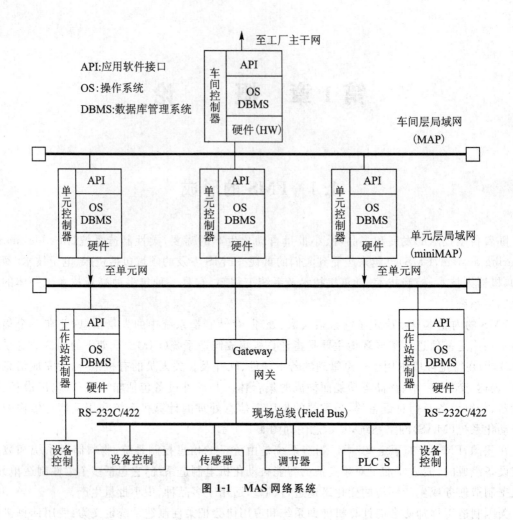

图 1-1　MAS 网络系统

## 1.2　FMS 的发展

FMS 最初是在 20 世纪 60 年代由英国 Molins 公司的雇员 Theo Williamson 提出来的。1965 年 Molins 公司取得了该项发明的专利。当时,此方案称为"系统 24",是指系统可在无人情况下工作 24 小时。此后,Molins 公司虽然卖出了不少"系统 24",但并未得到迅速的发展。直到 20 世纪 70 年代末,FMS 才引起了比较普遍的重视,其主要原因是:

(1)国际市场竞争日趋激烈。

(2)要求缩短生产周期。

(3)要求降低成本。

由于 FMS 兼顾了生产率和灵活性,因此具有生命力。经过几个阶段的发展,FMS 在美国和其他包括东欧在内的工业化国家得到了广泛的应用。

20 世纪 80 年代,FMS 从探索阶段走向了实用化和商品化阶段,成为机械制造技术进步的重要标志。

1994 年初,据统计世界各国已投入运行的 FMS 有 3000 多个,其中日本拥有 2100 多个,占世界首位。在现已运行的 FMS 中,50％的 FMS 由美国制造商提供,另外 50％主要由日本和德国厂商提供。

迄今为止,真正形成规模的 FMS 并不多,但 FMS 的构想和思路得到了充分的肯定。特别是对一些原来采用大批量自动化生产线进行生产的离散型金属制品企业来说,如果想在保证质量的前提下提高利润和生产率,FMS 是一种很好的选择。

FMS 有一个由简到繁的发展过程,现就一般数控机床(NC 机床)、自动化生产线,以及几种柔性制造的结构和组成简述如下。

### 1.2.1　计算机数控系统(computerized numerical control system,CNCS)

FMS 的初级阶段是计算机数控系统 CNCS,它通过计算机存储器内的程序来完成数控系统的部分或全部功能,并配有接口电路、输入输出设备、可编程控制器(PC)、主轴驱动装置和进给驱动装置的一种专用计算机系统。它是数控机床的核心,数控机床在数控系统的控制下,完成输入信息的存储、数据的变换、插补运算,自动地按给定的数控程序加工工件以及实现各种控制功能,具有一定的柔性。CNC 系统的原理框图如图 1-2 所示。

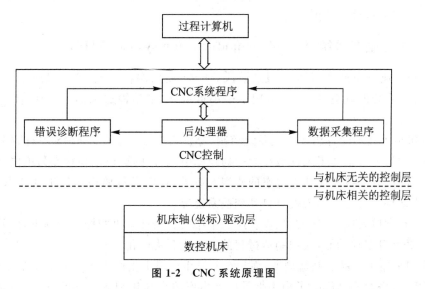

图 1-2　CNC 系统原理图

### 1.2.2　柔性制造单元(flexible manufacturing cell,FMC)

FMC 是在 CNC 的基础上完善形成的。FMC 由单台带有多托盘系统的加工中心或三台以下的 CNC 机床组成,它可以自动地加工一类工件,适用于小批量多品种加工。其外部系统包括工件与刀具运输系统、测量系统、过程监控系统等。

柔性制造单元包含两台机床(一台加工中心、一台 NC 机床)和一个物料运输系统。系统中两台不同的机床,分别执行不同的加工任务,不能互相替代,这种情况称为互补。相反,可执行相同加工任务的两台机床称为互替。FMC 通常包含可互替的机床,其优点是大大降低在瓶颈情况下两台机床都出故障的风险,而且在这种情况下,每台机床的利用率都很高。总控系统在 CNC 和 PLC 层之上,由一台过程计算机或微机来实现,协调计划和控制功能。

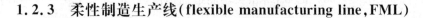

### 1.2.3 柔性制造生产线(flexible manufacturing line,FML)

柔性制造生产线(FML)又称为柔性自动线(FTL)或可变自动线,它与传统的刚性自动线的区别在于它能同时或依次加工少量不同的工件。

FML是在已有的传统组合机床及其自动线基础上发展起来的。其基本结构、形式无大变化,只是对各类工艺功能的组合机床进行了数控化设计。FML用计算机控制和管理,保留了组合机床的模块结构,又加入了数控技术的有限柔性。这类设备主要用于汽车拖拉机行业,而生产厂大多是以前生产组合机床的厂家。

FML是以少数几个品种的工件为加工对象的一种生产线,用于加工具有高度相似性的工件,加工时具有固定的时间周期。FML采用的大多为多主轴箱的换箱式或转塔式组合加工中心,能同时或依次加工少量不同的工件,适用于较大批量、较少品种的加工。

工件在FML中按一定的生产节拍沿一定的方向和顺序输送。在需要变换工件时,各机床的主轴箱能做相应的自动更换,同时调入相应的数控程序并调整生产节拍。为了节省初始投资,FML也可以采用人工调整批量的方式,即在一批工件生产结束需要更换加工对象时停机手工更换主轴箱,并进行批量处理。

### 1.2.4 柔性制造系统(flexible manufacturing system,FMS)

FMS是制造业更完善、更高级的发展阶段。FMS是由两台以上CNC机床组成、配备有自动化物料储运子系统的制造系统,是适用于中小批量、较多品种加工的高柔性、高智能的制造系统。

FMS的机械单元均受各级计算机系统控制,分别实现了自动化。FMS中有数个或数十个工件在准备工位作为一批加工工件装在同一物料库中,工件的运送以物料库为单位由轨道车实现。加工单元除配有在线监视加工状态的监视系统外,还配备有监视运送工件的识别系统,以及使机床适应多种工件加工的刀夹具自动变换系统等。

制造环境包含单元层、工作站层、设备层三个层次。在计算机的控制管理下,单元层自动完成静态、动态调度等多项功能,实现制造过程的自动化和集成化。

FMS不但缩短了产品的制造周期,而且在一条生产线上生产出了不同规格的工件,提高了设备的利用率,经济合理地解决了中小批量产品生产的自动化和成本问题,因而引起各国的重视,被认为是机械工业的发展趋势。

图1-3对一般数控机床、自动化生产线和几种制造系统的生产柔性、生产效率、应用范围做了简单、直观的比较。

可见,FMC、FMS、FML之间的划分并不很严格。一般认为,FMC可以作为FMS中的基本单元,FMS可由若干个FMC发展组成。而FMS与FML的区别在于FML中的工件输送必须沿着一定的路线,而不像FMS那样可随机输送。FMS更适于中批和大批量生产。

通常,工厂中所采用的制造系统以FMS和FMC居多。但在许多情况下,为了减少制造系统的初始投资,也可以先采用不包含自动化物流系统的分布式数控系统(DNC系统),即用一台单元控制机来控制和管理多台CNC机床,给这些机床分配任务和传送数控程序并进行作业调度。除由单台机床组成的FMC外,FMC和FMS一般都用一台或多台微型工业控制计算机作为单元控制机对系统进行控制和管理,并在CIMS中承担向上一级计算机通信的任务。

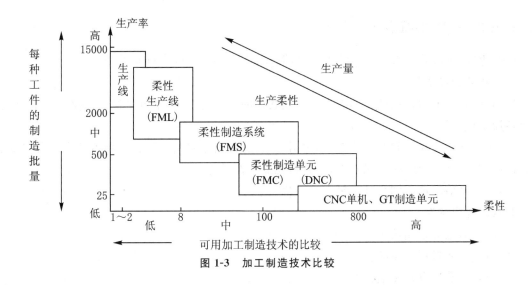

图 1-3　加工制造技术比较

# 1.3　FMS 分类及特点

## 1.3.1　FMS 分类

FMS 具有良好的柔性,但是,这并不意味着一条 FMS 就能生产各种类型的产品。事实上,现有的柔性制造系统都只能制造一定种类的产品。据统计,从工件形状来看,95% 的 FMS 属于加工箱体件或回转体工件的类型。从工件种类来看,很少有加工 200 种以上产品的 FMS,多数 FMS 只能加工十多个品种。现有的 FMS 大致可分为三种类型:

(1)专用型:以一定产品配件为加工对象组成的专用 FMS,例如底盘柔性加工系统。

(2)监视型:具有自我检测和校正功能的 FMS。其监视系统的主要功能有:

①工作进度监视:包括对运动程序、循环时间和电源自动切断的监视。

②运动状态的监视:包括刀具破损检测、工具异常检测、刀具寿命管理、工夹具的识别等。

③精度监视:包括镗孔自动测量、自动曲面测量、自动定位中心补偿、刀尖自动调整和传感系统。

④故障监视:包括自动诊断监控和自动修复。

⑤安全监视:包括障碍物、火灾的预检。

(3)随机任务型:可同时加工多种相似工件的 FMS。

在加工中、小批量相似工件(如回转体工件、壳体件以及一般对称体等)的 FMS 中,具有不同的自动化传送方式和存储装置,一般配备有高速数控机床、加工中心和加工单元。有的 FMS 可以加工近百种工艺相近的工件。与传统加工方法相比,FMS 的优点是:

①生产效率可提高 140%～200%。

②工件传送时间可缩短 40%～60%。

③生产面积利用率可提高 20%～40%。

④设备(数控机床)利用率每班可达 95%。

### 1.3.2 FMS 的特点

FMS 的各种定义的描述方法虽然不同,但都反映了 FMS 应具备如下特点:

**1. 从硬件的形式看**

(1)有两台以上数控机床或加工中心以及其他的加工设备,包括测量机、清洗机、平衡机、各种特种加工设备等。

(2)有一套能自动装卸的运输系统,包括刀具、工件及原材料的储运。具体结构可采用传输带、有轨小车、无轨小车、搬运机器人、上下料托盘工作站等。

(3)有一套信息通信网络计算机控制系统。

**2. 从软件内容看**

(1)应具有运行控制系统。

(2)应具有质量保证系统。

(3)应具有数据管理和通信系统。

**3. 从 FMS 的功能看**

(1)能自动管理工件的生产过程,自动控制制造质量,自动进行故障诊断及处理,自动进行信息收集及传输。

(2)简单地改变软件或系统参数,便能制造出某一工件族的多种工件。

(3)物料的运输和存储必须是自动的,包括刀具等工装和工件的自动运输。

(4)能解决多机床条件下工件的混流加工,且不用额外增加费用。

(5)具有优化调度管理功能,能实现无人化或少人化加工。

根据实际情况,某些企业实施的 FMS 与上述特征有些差别,因此人们称之为准 FMS,也有人称之为 DNC 系统。一般可以认为缺少自动化物流系统的是 DNC 系统,否则,可称之为准 FMS。因为 DNC 系统与 FMS 之间的主要区别在于是否有自动化物流系统,所以二者在系统的调度与管理上存在一些差别。

由于 FMS 将硬件、软件、数据库与信息集成在一起,融合了普通数控机床的灵活性和专用机床及刚性自动化系统的高效率、低成本,因而具有以下优点:

(1)在计算机直接控制下实现产品的自动化制造,大大提高了加工精度和生产过程的可靠性。

(2)使生产过程的控制和流程连续,并且达到最佳化,有效提高了生产效率。

(3)实现系统内材料、刀具、机床、储运、夹具以及测量检查站的理想配置,具有良好的柔性。

(4)可直接调整物流(即工件流、工具流)和制造中的各项工序以制造不同品种的产品,大大提高了设备的利用率。

## 1.4 FMS 的组成、原理及作用

从 CIMS 的结构来看,FMS 包括其中低三层(制造自动化),即单元层、工作站层和设备层,通常将其称为 CIMS 的制造单元。由于 FMS 强调制造过程的柔性和高效率,因而适应于多品种、中小批量的生产。FMS 主要硬件设备有计算机、数控机床、机器人、托盘、传输线、自动搬运

小车和自动立体仓库等。它实现了工厂中工程设计、制造和经营管理三大功能中的"制造"功能。因此,以 FMS 为代表的制造单元在 CIMS 中起着十分重要的作用。

### 1.4.1　FMS 的一般组成

柔性制造系统(FMS)可概括为由下列三部分组成:多工位的数控加工系统、自动化物料储运系统(物流系统)和计算机控制的信息系统,其构成框图如图 1-4 所示。

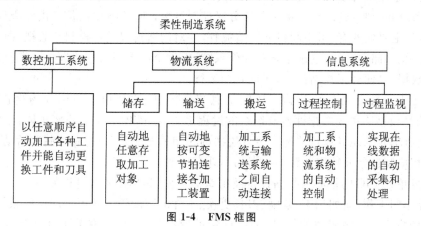

图 1-4　FMS 框图

**1. 数控加工系统**

数控加工系统的功能是以任意顺序自动加工各种工件,并能自动地更换工件和刀具。它通常由若干台加工工件的 CNC 机床和所使用的刀具构成。

以加工箱体类工件为主的 FMS 配备了数控加工中心(有时也配有 CNC 铣床);以加工回转体工件为主的 FMS 多数配备了 CNC 车削中心和 CNC 车床(有时也配有 CNC 磨床);能混合加工箱体类工件和回转体工件的 FMS 既配有 CNC 加工中心,也配有 CNC 车削中心和 CNC 车床;专门工件加工如齿轮加工的 FMS,除配有 CNC 车床外还配有 CNC 齿轮加工机床。

FMS 的加工能力由它所拥有的加工设备决定。而 FMS 里的加工中心所需的功率、加工尺寸范围和精度则由待加工的工件族决定。由于箱体、框架类工件在采用 FMS 加工时经济效益特别显著,故在现有的 FMS 中,加工箱体类工件的 FMS 占的比重较大。

**2. 物流系统**

在 FMS 中,工件流、工具流统称为物流,物流系统即物料储运系统,是柔性制造系统中的一个重要组成部分。一个工件从毛坯到成品的整个生产过程中,只有相当小的一部分时间在机床上进行切削加工,大部分时间消耗于物料的储运过程中。合理地选择 FMS 的物料储运系统,可以大大减少物料的运送时间,提高整个制造系统的柔性和效率。

物流系统一般由三个部分组成:

(1)输送系统:建立各加工设备之间的自动化联系。

(2)储存系统:具有自动存取机能,用以调节加工节拍的差异。

(3)操作系统:建立加工系统同物流系统和储存系统之间的自动化联系。

FMS 中的物料输送系统与传统的自动生产线或流水线不同,FMS 的物料输送系统可以不按固定节拍强迫运送工件,工件的传输也没有固定的顺序,甚至可以是几种工件混杂在一起输送,而且物料输送系统都处于可以进行随机调度的工作状态。

FMS的物流系统一般包含工件装卸站、托盘缓冲站、物料运送装置和自动化仓库等几个组成部分,主要用来执行工件、刀具、托盘以及其他辅助设备与材料的装卸、运输和储存工作。

**3. 信息系统**

信息系统包括过程控制及过程监控两个系统。过程控制系统进行加工系统及物流系统的自动控制;过程监控系统进行在线状态数据的自动采集和处理。信息系统的核心是一个分布式数据库管理系统和控制系统,整个系统采用分级控制结构,即FMS中的信息由多级计算机进行处理和控制,其主要任务有:组织和指挥制造流程,并对制造流程进行控制和监视;向FMS的加工系统、物流系统(储存系统、输送系统及操作系统)提供全部控制信息并进行过程监视,反馈各种在线检测数据,以便修正控制信息,保证安全运行。

制造单元的运行受到单元及其环境间信息流的控制,这种相互作用称为生产信息单元(PIC)。其信息模型除描述数据评价及组织的过程之外,还描述了几个外部实体:车间、监控器(监控给定制造单元的现场运行情况)、更高层次的或相邻的单元(进行有关制造活动的通信)以及一个用于相应制造单元特定装置的数据的本地存储器。

生产信息单元PIC的核心为数据评价及组织的过程,其具体实施过程如下:

(1)指导车间工作,诸如加工、装配、刀具更换、工件的装卸等。从更高层次的数据存储器和(或)监控器接收这些工序所需的信息(如机床用的数控程序,以及有关工件加工路线、生产控制、刀具耐用度等数据),并保存在本地存储器中。这些信息一直保留至识别出刀具故障或者生产改变为止。

(2)接收有关车间活动诸如设备运行、工件(产品)测量(检验和试验)的信息。这种信息经过评定和组织,用于更高层次单元的数据通信与存储,并保存在存储器中,以指导车间的运行。

(3)定期对监控器提供车间各种活动或在特殊情况下作为部分单元级的信息(决策算法)、适当的数据结构(存储器)和对话设施,以支持车间级的决策制订。

(4)实现信息变换操作(汇编和反汇编、翻译)以与其他同层次的(水平流动)或更高层次的(垂直流动)单元互相通信。这些操作是在设计思想转换成图纸、设计师与机械师协商以及对产品设计做生产性审查时进行的。

其他在同一层次上的单元以分布的形式出现,以便实现有关活动的运行先于、后于或同步于生产单元的运行,例如物料搬运工作就属此范畴。高层次的单元是以分层形式出现的,某几个生产单元与一个运行控制单元相沟通,某几个这类单元与一个工厂管理单元相沟通等。这样给人的总的印象就是单元的一种网络,每个单元具有一个信息系统,并通过信息流的交互来满足柔性制造目标的互联和沟通,从而直接对环境做出响应。

## 1.4.2 FMS 的工作原理

FMS的原理框图如图1-5所示。FMS工作过程可以这样来描述:柔性制造系统接到上一级控制系统的有关生产计划信息和技术信息后,由其信息系统进行数据信息的处理、分配,并按照所给的程序对物流系统进行控制。

物料库和夹具库根据生产的品种及调度计划信息提供相应品种的毛坯,选出加工所需要的夹具。毛坯的随行夹具由物流系统送出。工业机器人或自动装卸机按照信息系统的指令和工件及夹具的编码信息,自动识别和选择所装卸的工件及夹具,并将其安装到相应机床上。

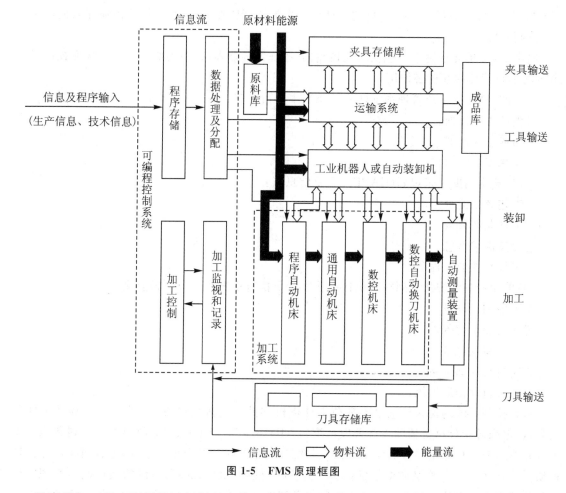

图 1-5　FMS 原理框图

机床的加工程序识别装置根据送来的工件及加工程序编码,选择加工所需的加工程序并进行检验。工件全部加工完毕后,由装卸及运输系统送入成品库,同时把加工质量、数量信息送到监视和记录装置,随行夹具被送回夹具库。

当需要改变加工产品时,只要改变传输给信息系统的生产计划信息、技术信息和加工程序,整个系统就能迅速、自动地按照新要求来完成新产品的加工。

中央计算机控制着系统中物料的循环,执行进度安排、调度和传送协调等功能。它不断收集每个工位上的统计数据和其他制造信息,以便做出系统的控制决策。FMS 是在加工自动化的基础上实现物流和信息流的自动化,其"柔性"是指生产组织形式和自动化制造设备对加工任务(工件)的适应性。

### 1.4.3　FMS 单元控制系统

典型的较大规模的 FMS 单元控制系统,分三级控制。它的第一级控制主要是对机床和工件装卸机器人进行控制,它包括对各种加工作业的控制和监测。第二级控制相当于 DNC 控制,包括对整个系统运行的管理、工件流动的控制、工件程序的分配以及第一级生产数据的收集。第三级控制负责生产管理,主要是编制日程进度计划,把生产所需的信息,如工件的种类和数量、每批生产的期限、刀夹具种类和数量等,送到第二级系统管理计算机。主计算机可以与

CAD相连,因此,也可以利用CAD的工件设计数据进行数控编程,然后把数控编程数据送到第二级控制系统。

通常FMS单元控制系统包括单元控制器、工作站控制器、设备控制器。其中单元控制器在FMS的运行管理中起核心作用。

(1)计算机辅助生产管理系统(CAPMS),主要信息有:

①生产作业计划。

②物料需求计划。

③能源需求计划。

(2)计算机辅助工艺规划(CAPP),主要信息有:

①工艺计划信息。

②工件制造参数。

③刀具需求信息。

④工件数控加工程序。

(3)单元控制系统从下列执行机构中获得指令执行情况和系统状态情况:

①数控加工设备。

②数控测量设备。

③工件清洗设备。

④物料自动储运系统。

⑤刀具自动储运系统。

单元控制系统的输入信息主要来源于计算机辅助工艺规划(CAPP)的工艺计划及工件制造参数,也来源于计算机辅助生产管理系统(CAPMS)的生产作业计划、物料需要计划和能源需求计划等。输出信息主要有面向生产监控与统计的生产执行情况统计信息,还有面向计算机辅助质量管理(CAQ)的产品质量信息。这些信息的交换均由单元控制系统的通信网络实现。单元控制器内部信息流主要由一些进程管理信息和系统状态信息组成,单元控制器与各工作站层计算机系统传递的主要信息有调度指令信息和设备状态信息。

### 1.4.4 FMS的生产计划调度与控制系统框架

从MAS生产计划调度与控制的观点看,单元控制器的任务是实现单元层及其以下层次的生产任务管理,系统资源分配与利用管理,尽可能以最优方式完成车间层下达的生产任务。

由上述可知,FMS是由物料自动储运系统将若干机床连接起来,在系统控制计算机的统一控制下进行加工的自动化系统。由于FMS具有投资大、系统运行管理复杂等特点,故其生产计划调度与控制十分重要。

在FMS运行过程中,进入系统的毛坯在装卸站被装夹到夹具托盘上,再由物料传输装置将毛坯连同夹具和托盘一起,按工艺路线的要求送到下一工序所需机床。上述设备的运行全部由计算机控制。控制程序的好坏对系统的运行效率有至关重要的作用。

国内外FMS应用实践表明,作为多品种、中小批量的一种生产模式,FMS在提高生产效率和产品质量、保证交货期、提高系统可靠性、加强企业应变能力等方面有明显优势。从宏观看,FMS能大幅度提高设备的利用率,这是因为FMS使系统的自动化程度提高,在必要时可使设备24 h连续运行,使管理科学化,因而能提高企业的竞争能力。此外,FMS能缩短工件的投入产出周期,提高对市场变化的应变能力。在制品库存减少也是 FMS 最主要特点之一,由于生产线上的工件在加工过程中有 95％左右的时间是处于等待状态的,造成该状况的重要原因是常规制造系统无法完全做到在恰当的时间、合适的地点提供所需的工件。而 FMS 能有效地改善这一状况,从而减少库存。减少库存亦即减少资金积压,从而能提高整体效益。专家们指出:FMS 的效益和优点是潜在的。换言之,单纯将 FMS 的硬件设备合理地组成一个系统,并不一定就能取得很好的效果,在实践中,还必须以有效的系统运行管理措施予以保证。FMS 的运行管理是通过 FMS 的计算机控制软件系统实现的,控制软件的核心是 FMS 生产计划调度理论和决策技术。FMS 的运行管理从本质上是在系统信息集成的基础上,制定出使 FMS 能以最优方式运行的若干决策。因此,FMS 的生产计划调度与控制理论在 FMS 的运行管理中起着核心作用。

FMS 生产计划调度与控制问题,也称为 FMS 生产调度管理决策问题。下面从时间和空间两方面来描述 FMS 生产管理决策问题框架模型。

**1. 从时间方面来看**

单元控制器的计划展望期(或称规划时间范围)从旬(周)到数小时或几分钟,长短不一,在这段时间内,FMS 生产计划调度与控制系统不断对制造资源所面临的多种选择做出判断决策。例如,当有多个工件在排队等待某一加工中心加工时,计划调度系统必须选取某一等待中的工件送到加工中心加工。在制造单元生产活动中,每一个可能出现多种判断的选择环节称为FMS 生产计划调度的决策点。从运筹学的观点看,每一个决策点对应一个决策优化问题。同样,在 FMS 生产活动控制中也存在若干决策点。值得指出的是,FMS 生产计划调度与控制的各阶段决策点是相互影响的,即一个决策点的求解方案将影响与它相关的其他决策点的求解。因此,明确 FMS 计划展望期内的决策点,是研究 FMS 生产计划调度与控制问题的先决条件。

**2. 从空间层次结构看**

FMS 生产计划调度与控制分为四个层次,即 FMS 作业计划(或称 FMS 生产作业计划)、FMS 静态调度、FMS 实时动态调度及 FMS 系统资源管理。

在模型中,FMS 作业计划的主要任务是接收车间订单,并根据工件交货期的先后顺序制订出 FMS 系统的作业计划或班次作业计划,其主要优化目标是在保证按订单规定的交货期完成所有加工任务的前提下,为单元的生产创造优良运行环境。静态调度是对本班次作业计划的细化,其优化目标是尽可能提高设备资源的利用率,减少系统调整时间。为此,静态调度要完成工件分组、工件组间排序、加工设备负荷分配及工件静态排序等任务。动态调度是在 FMS 加工过程中进行的,它的调度对象主要是系统内正在加工和在装夹站前排队等待加工的工件,它根据系统资源的实时状态动态地安排工件的加工顺序。系统资源管理是指在 FMS 运行过程中(有时也包括系统开始运行前),对刀具、自动导引小车(AGV)、托盘与夹具、数控程序及人力资源等的管理,目标是提高系统内资源的利用率。

FMS 生产计划调度与控制问题在于对时间及空间的分解,使 FMS 生产运行管理这一复杂问题通过阶递控制结构得以简化。在考虑 FMS 生产运行管理问题时,不同的 FMS 运行管理者提出了不同的优化目标,最常见的有:

(1)在一定的时间周期内系统的产出最高。

(2)加工一组工件时系统占用的加工场地最小。

(3)尽量满足任务的优先级或交货期。

(4)系统生产所花费的成本最少。

(5)系统内设备的利用率最高。

(6)关键(瓶颈)设备的利用率最高。

(7)加工单个工件时通过系统的时间最短。

一般来说,优化目标不同时,FMS计划调度模型和算法也要发生相应变化。计划调度可能采用多个优化目标,即将上述优化目标中的几个一起作为系统生产管理优化程度的评价准则,此时模型和算法的复杂性也相应增加。即使采用单目标,通常也将与该目标关系紧密的其他目标作为优化问题的约束条件。

### 1.4.5 FMS中的监控与诊断系统

#### 1. FMS加工过程的实时监控

FMS是自动化的机械制造系统,对系统的稳定性与可靠性有很高的要求。加工过程是一个动态的过程,为保证加工过程连续进行,必须对加工过程进行实时监视与控制。其过程及监控具有如下特点:

(1)离散性与断续性。就制造系统而言,信息的主要形式是离散的,如工件尺寸、加工精度等。从一个工件的制造过程来看,工序与工序是相互独立的;而对加工质量来说,工序与工序是相关的。

(2)缓变性与突变性。在固定的加工条件下,一台机床的动态特性是缓变的,如机床的温升、刀具磨损、应力分布等;而刀具损坏、折断等在瞬间出现,是突变的。

(3)随机性与趋向性。由于机械加工过程中的随机因素干扰大,因此机械加工过程中各种物理量的变化,如切削力变化、刀具磨损等都是随机过程。其中与环境因素有关的物理量,如刀具磨损与刀具寿命和切削条件的关系往往是含有趋向性的随机过程。

(4)模糊性。在现象与因果关系上,大部分具有模糊性,即一部分因果关系是透明的,而另一部分是非透明的。在加工过程监控中,需要用到各种模型,对于同一检测信号需做各种分析。

(5)单一性与复杂性。针对加工过程中检测到的故障信息,只需做简单处理即可使加工过程继续进行,如检测到刀具破损,只需要求控制系统换上新刀;而对于有些检测信息,必须进行复杂的分析,才能做出具体的决策,如检测到工件的加工精度达不到要求。

(6)多层次性。FMS是一个典型的多级控制系统,其实时监控系统必然也是多层次的,主要为设备层、单元层、系统层。其中基础设备层是过程监控与质量监控的具体执行者,也是高层监控系统所需信息的提供者。

上述这些特点决定了FMS加工过程实时监控系统必须有很强的数据采集、数据分析处理和控制能力,另外还应建立完整的监控数据库并实现信息传递的网络化。

FMS加工过程的实时监控包括两部分内容:加工设备的监控和工件的监控。加工设备的监控指对加工中心、刀具、机器人、运输小车等的监控;工件的监控是指对工件加工精度的检测与控制,其监控阶段又分工序间的监控与最终工序的监控。

FMS加工过程的实时监控系统具有以下要求:

(1)实时在线采样。实时在线采样是进行实时分析及自动检测、监控的基础。在监控系统中要求能实时多通道同时采样,采样频率和采样点数可通过人机对话方式任意设置。

(2)数据处理多功能化。应集中现有的各种时域、幅值域、时延域、计数域、频率域、相位域中的信号处理软件,并通过人机对话方式方便地加以调用。

(3)可自动进行状态评价及故障诊断。监控系统应能自动区分有无故障,能区别故障类型、位置、程度、原因、状态以及发展趋势,并给出相应处理方法。

(4)及时反馈控制功能。监控系统根据检测到的信息,经过数据分析,及时给出加工过程的调整策略,以便使加工过程稳定地进行下去。

容错加工单元及监控系统为一个典型的完整的加工系统单元级状态监控系统。这一监控过程主要解决的是各子系统的集成监控管理,单元计算机与各子系统的通信及接口建立,数据采集与处理系统(DAAS)的内容及方法,决策过程与决策理论,对刀库管理、加工中心监控、物料储运系统部分的合理监控安排等问题。

"容错"就是系统在运行过程中对各加工中心、小车、刀库等部分的错误、误差以及系统参数进行的调整和补偿,同时通知单元主计算机系统存储这一过程的全部内容,作为今后运行过程的参考。其目的是迅速恢复系统的正常工作状态。

国际上对这一级监控的方法、监控流程、标准等问题,尤其是监控诊断的智能化实现问题,仍处于异常活跃的讨论中。主要研究的问题有:

(1)最佳监测信号的类别、个数。

(2)最适合的预处理方法。

(3)多功能、多用途组合传感器的研制。

(4)新型自动检测系统的研制。

(5)专家系统、人工智能理论在监控体系中的实现等。

其核心是数据采集与处理系统中诸多问题的解决。

**2. FMS故障诊断专家系统**

FMS仍是一个由机械、控制、计算机、电子、信息等系统设备组成的复杂网络系统,它包括加工子系统、工件流子系统、刀具流子系统和质量检测子系统等,这样复杂的系统在运行过程中不可避免地会出现硬件故障、软件故障、信息传输故障。据美国制造工程杂志报道:美国FMS由于故障引起的停机时间占工作时间的 $25\%\sim30\%$。日本电子工业振兴协会于1985—1988年对日本运行的FMS做了一项可靠性调查,指出FMS大约一个月发生一次以上的故障,故障最多的是加工机床和储运设备,其次是外围设备和其他设备。

当FMS系统以一种非期望的方式运行时,就会出现故障征兆,也就是说FMS故障是指其实际行为与期望行为之间出现明显差异的表现。主要表现为两类形式:

(1)FMS各子系统、器件、元件的位置、运动关系或运动过程不正常;

(2)经FMS生产的工件加工质量不符合要求。

FMS故障诊断可以概括为以下几个过程:

(1)故障检测。当系统的功能不正常时,能够检测到故障信号。

(2)故障分离。系统发生意外后,根据各种现象快速确定故障源。

(3)故障排除。排除或容错故障,使系统继续运行。

(4)故障评定。对故障发生的位置、频率及对系统的影响进行统计分析。

FMS故障的分类有多种,按照其发生故障部件的物理特性可分为机械故障、电气故障和信息故障;按照发生故障的FMS子系统可分为加工子系统故障、工件流子系统故障;刀具流子系统故障和质量检测子系统故障;按照故障的原因,可分为人为故障、设备故障、设计故障、制造故障、元器件故障和干扰故障。

从发生故障的设备的组成部件看,发生故障最多的是传感器,其次是加工工件和工件安装,然后是硬件设计和制造问题。

在软件故障中,应用软件故障超过 50%,其余为系统软件故障和通信软件故障等。

由于 FMS 的复杂性及随机性,其故障诊断呈现如下特点:

(1)系统的行为、状态与部件之间存在明显的、复杂的关联性。

(2)系统的故障具有并发性与相继性。

(3)系统故障影响速度具有快速性。

(4)系统故障的处理要求在线进行。

(5)故障源具有隐藏性。

(6)要求故障进行超前预报。

从上面的分析可以看到,FMS 的故障种类多、分布广、原因复杂,这些因素增加了 FMS 故障诊断的难度。因而在故障诊断过程中,需要调动多种诊断手段与方法。常用的手段有软件诊断和硬件诊断,常用的方法有基于物理模型的硬冗余法、故障模式判别法、模糊集法,基于数学模型的解析冗余法、参数估计法、状态估计法和基于专家系统的故障诊断法等。

FMS 故障分布在系统的各个层次上,某一层次的故障先在局部设备或单元上表现出来,然后往往影响到整个系统,因此 FMS 的故障诊断系统表现为设备层、单元层及系统层的诊断,从而形成一个集成的 FMS 故障诊断系统。在不同的诊断层次可以使用不同的方法,如在设备层可以直接使用某一部件的检测传感器值确定其是否发生故障。在单元层则使用一些数学分析方法,若故障在尺寸检测单元,则可以通过对尺寸测量值的时间序列进行 FFT 分析来诊断和预测故障。在系统层则可采用故障诊断专家系统对系统故障进行人工智能诊断。

由前面分析可见,为了保证 FMS 的可靠运行,必须在 FMS 中增加故障诊断设备。建立故障诊断系统对于同类系统的正常运行具有十分重要的意义。

# 1.5 现代智能装配教学平台

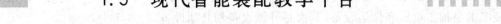

### 1.5.1 现代智能装配教学平台系统及工作原理

柔性制造系统(FMS)是一个以网络为基础、面向车间的开放式集成制造系统,是 CIMS 的制造单元和重要基础。FMS 的控制系统具有高度复杂性,主要表现为以下特点:它不仅涉及工件、刀具、夹具、托盘、工艺规程、数控程序以及加工设备等基本数据的管理,还涉及进行制订作业计划所要求的混合分批、负荷平衡、加工准备等数据处理的复杂工作,同时还必须按照加工资源与优化目标进行作业的静态调度与动态调度,从而自动地完成物料流、刀具流及工位的控制。因而,系统具有大量的集成信息和复杂的控制结构,要求有调度和监控上的实时性和功能分布上的并发性,同时必须具有能向 CIMS 扩展的开放性。在这里,我们主要以安徽信息工程学院的典型的实验教学型柔性制造系统为例,较详细地介绍 FMS 的基本组成、工作原理、结构框架、信息流支持系统、物流支持系统、自动化加工系统以及其运行机理和基本操作规程。

**1. 系统的基本组成**

现代智能装配教学平台是一种以机器人模型作为载体、主机台实现抓取和放置物料功能、实现机器人模型拼装的柔性生产系统。它由三个基本系统组成,即加工系统、信息系统、物流系统。

平台由高速 SCARA 机器人单元、柔性多关节机器人单元、高速并联机器人单元、自适应气动单元、高速直线电机单元、多传感器数据采集单元、智慧型步进控制单元、精密伺服控制单元、自动锁螺丝单元、机器视觉复用单元组成。

物流系统由自适应升降单元、柔性接驳单元、柔性易联传送单元组成。

信息系统由文件服务器、中央计算机/单元控制器、可编程逻辑控制器等组成。

**2. 信息系统及其工作原理**

信息系统是整个柔性制造系统的神经中枢,用以实现对 FMS 系统的总体控制,完成对系统的监控,对生产过程、物流系统辅助装置、加工设备的控制,以及对运行状态数据进行存储、调用、校验和网络通信等。

中央计算机和文件服务器是信息系统的控制核心。在 FMS 系统运行时,中央计算机检查传输带和托盘的状态、机床和机器人的状态以及来自计算机视觉系统的信息。通过这些信息,中央计算机判定每个工作站的任务类型和状态,并根据生产任务和调度决策,把相应的控制命令发送到工作站计算机。

**3. 加工系统及其工作原理**

加工系统是该平台的制造核心。自动加工系统一般有两种运行模式:独立运行模式和系统运行模式。前者用于非 FMS 情况,此时,工作站计算机自主控制各单元或机器人;后者用于系统运行,工作站计算机通过网络接收控制命令,控制加工设备和机器人动作。工作站计算机一旦接收到一个装载零件的任务,工作站计算机就自动完成指定的装载任务。

当出现故障时,工作站控制系统将停止工作,并发出出错信息到工作站计算机屏幕上;同时工作站控制系统也将通过网络发出这个出错信息到中央计算机,以示这个任务将不能完成。

按照站点工作顺序,将各站点的构成、工作内容及工作流程简述如下:

(1)自适应气动单元:由设备机架单元、电控盘单元、人机交互单元、气缸组合单元、气动控制单元组成。本工站主要完成载盘的搬运装配工作。流程图如图 1-6 所示。

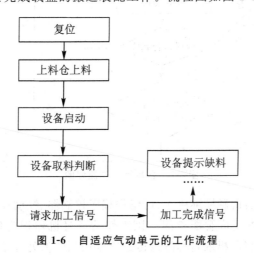

**图 1-6　自适应气动单元的工作流程**

(2)高速直线电机单元：集电机控制技术与气动控制技术于一体，它主要由设备机架单元、电控盘单元、人机交互单元、气缸组合单元、气动控制单元组成。本工站主要完成零件的搬运装配工作。

(3)智慧型步进控制单元：由设备机架单元、电控盘单元、人机交互单元、步进马达组合单元、马达控制单元组成，其中马达控制单元安装在展示面板上。本工站主要完成物料的搬运装配工作。

(4)柔性多关节机器人单元：由设备机架单元、气动控制单元、电控盘单元、人机交互单元、六轴机械手运动单元组成。本工站主要完成水平面上任意朝向的物料搬运工作。

(5)高速 SCARA 机器人单元：由设备机架单元、电控盘单元、气动控制单元、人机交互单元、四轴机械手运动单元组成。通过四轴机械手运动单元可完成小型部件的搬运和装配任务。

(6)高速并联机器人单元：由设备机架单元、气动控制单元、电控盘单元、人机交互单元、并联机器人单元组成。

(7)高精密伺服控制单元：由设备机架单元、电控盘单元、人机交互单元、伺服马达组合单元、马达控制单元组成，其中马达控制单元安装在展示面板上。伺服马达组装工站主要完成积木的搬运装配工作。

高速直线电机单元、智慧型步进控制单元、柔性多关节机器人单元、高速 SCARA 机器人单元、高速并联机器人单元、高精密伺服控制单元工作流程基本相同，流程图如图 1-7 所示。

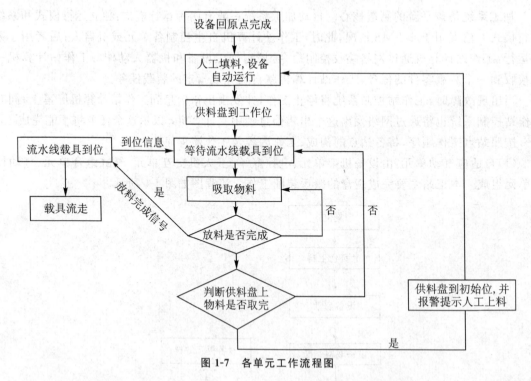

图 1-7　各单元工作流程图

(8)机器视觉复用单元：由触摸屏单元、可编程程序控制器、气动控制单元、人机交互单元组成，CCD 机构执行单元负责完成智能检测。该工作站通过机器视觉硬件产品（即图像摄取设备）获得目标物品的图像，将所摄取目标图像传送给专用的图像处理系统；编写相应图像处理算法,对所获得的图像进行各种运算来抽取目标特征,根据目标特征及算法的设定特征进行比较,进而根据结果来控制现场的设备作业。

(9)自动锁螺丝单元:由设备机架单元、电控盘单元、人机交互单元、运动控制单元、锁螺丝组合单元组成。自动锁螺丝单元主要完成零件的锁螺丝装配工作。

(10)多传感器数据采集单元:由设备机架单元、电控盘单元、伺服电机模组、人机交互单元、传感器单元组成。主要完成已安装零件的检测功能,包括漏装、错装等。

3D激光打印单元由设备机架单元、电控盘单元、伺服电机模组、工控机及显示屏、激光打印机、3D打印机等组成。本工站主要完成产品Logo激光打印和物料3D打印。

**4.物流系统及其工作原理**

物流系统是整个柔性制造系统加工的连接纽带,柔性制造系统中的物流系统包括自适应升降单元、柔性接驳单元、柔性易联传送单元,主要用于将毛坯、半成品零件从前一个站点或缓冲站传送到每个加工单元进行加工,把加工好的零件传送到下一个单元。

传输线由可编程逻辑控制器(PLC)直接控制,通过传感器和气缸控制整个传输系统,PLC通过传感器和气缸控制电机的转动和传输把托盘准确定位在相应的工位上。

## 1.5.2　相关控制器简介

### 1.可编程逻辑控制器(PLC)

整个系统中自适应气动单元、高速直线电机单元、多传感器数据采集单元的控制以及整个物流传送系统等均由可编程控制器PLC实现。

以物流传送系统中柔性接驳单元为例对PLC控制做进一步说明,柔性接驳单元光电传感器检测待加工工件是否到位;工件到位后,PLC接收到请求加工信号,同时PLC控制传送带电机停止转动,顶升气缸上升,将工件置于工作位,同时阻挡气缸工作以固定工件;工件加工完成后,PLC接收到加工完成信号,PLC控制顶升气缸下降,将工件置于传送带,同时阻挡气缸下降,PLC控制传送带电机转动,将工件流入下一工作点。以上功能的实现,充分体现PLC用于工业控制的优点。

1)PLC的定义

PLC是一种以微处理器为核心的工业控制器,使用编程器进行编程和监控。国际电工委员会(IEC)对可编程逻辑控制器(programmable logical controller)的定义如下:可编程逻辑控制器是一种数字运算操作的电子系统,专为在工业环境下应用而设计。它采用了可编程存储器,用来在其内部存储执行逻辑运算、顺序控制、定时、计数和算术运算等操作的指令,并通过数字式和模拟式的输入和输出来控制各种类型机械的生产过程。

可编程控制器及其相关外围设备是按照易于与工业系统连成一个整体、易于扩充其功能的原则而设计的。

2)PLC的基本结构和组成

可编程逻辑控制器一般由运算控制单元、存储器RAM/ROM、输入/输出等部件组成。

(1)运算控制单元。中央处理模板(central processing unit,CPU)是可编程逻辑控制器的核心部件,整个可编程逻辑控制器的工作过程都是在运算控制单元的统一指挥和协调下进行的。运算控制单元的结构与通用计算机的结构完全相同,不同的是可编程逻辑控制器具有一些面向电气技术人员的开发语言,即工程上通用的梯形图语言(或语句表、流程图)。通常这部分语言以虚拟的输入继电器、输出继电器、辅助继电器、时间继电器以及计数器等提供给用户使用。它的主要任务是按一定的规律或要求读入被控对象的各种工作状态,然后根据用户编制的相应程序去处理有关数据,最后向被控对象输出相应的控制(驱动)信号。它与被控对象之间联系是通过各种 I/O 接口实现的。

在一个中型或者大型可编程逻辑控制器的中央处理模板上,不仅有 CPU 集成芯片,而且有一定数量的 ROM 或 EPROM(存储系统的操作系统)和 RAM(存储少量的数据或用户程序)。

(2)RAM 和 EPROM。用户程序一般可存放在 RAM 中,也可存放在 EPROM 中。RAM 用来存储用户既可读又可写的动态信息,一般装有备用电池组,以保证 PLC 掉电后用户程序仍然存在,并保证复电时系统可以从失电状态开始恢复工作。EPROM 分为系统 EPROM 和用户 EPROM 两种,系统 EPROM 用来存储系统监控程序,用户 EPROM 用来存储用户应用程序。

(3)输入/输出部件及数字、模拟 I/O 接口。输入部件用于接收由主令元件和检测元件送来的信号。主令元件指键盘上的功能键。这些按键用以实现开机、关机、调试或紧急停机等控制。检测元件用以检测诸如行程距离、压力、速度、温度、电流与电压等物理量,并把这些物理量转换成易于接收、传递和处理的电信号。检测元件主要有行程开关、限位开关、光电开关、压力传感器、速度传感器、温度传感器等器件。

输出部件的功能是按照控制指令的要求控制机械部件的动作,诸如移动、转动、升降及电机的正反转等。实际使用时,需要根据负载要求选择 PLC 的输出形式。它的开关量输出主要是以继电器触点开/闭或与 TTL 电平兼容的数字电平形式提供。在需要模拟量控制的场合,可增加模拟量输出组件。

数字 I/O 接口主要实现 CPU 模板及 I/O 装置与外设之间的数字信号(开关量)传递,主要功能是进行电平转换、电气隔离、串/并行数据转换,数字信号错误检测以及提供具有足够驱动能力的各种数字驱动信号。在需要时,数字 I/O 接口也可提供各种中断和通信等方面的控制信号,需要监测功能时还配置有相应的发光二极管显示器(LED)或液晶显示器(LCD)等状态显示器。

模拟 I/O 接口实现 PC 与 I/O 装置之间的模拟信号的传输,主要实现阻抗匹配、I/V 转换、小信号放大、信号滤波以及 A/D 转换等功能。A/D 转换把被控对象送出的模拟量转换成易于处理的数字量。输出部分主要完成阻抗匹配、功率放大和波形校正等功能,以便向被控对象提供正常工作所需要的模拟控制(驱动)信号。

**2. 工业控制计算机**

系统中智慧型步进控制单元、精密伺服控制单元、自动锁螺丝单元、机器视觉复用单元的控制均由工业控制计算机(工控机)实现。

工控机(industrial personal computer,IPC)即工业控制计算机,是一种采用总线结构,是对生产过程及机电设备、工艺装备进行检测与控制的工具的总称。工控机具有重要的计算机属性和特征,如具有计算机主板、CPU、硬盘、内存、外设及接口,并有操作系统、控制网络和协议、友好的人机界面。

工控机对智慧型步进控制单元、精密伺服控制单元、自动锁螺丝单元、机器视觉复用单元四个生产单元的控制通过 LabView(laboratory virtual instrument engineering workbench)实现。

与 C 语言和 BASIC 语言一样,LabView 也是通用的编程系统,有一个能完成任何编程任务的庞大函数库。LabView 的函数库包括数据采集、GPIB、串口控制、数据分析、数据显示及数据存储,等等。LabView 也有传统的程序调试工具,如设置断点、以动画方式显示数据及其子程序(子 VI)的结果、单步执行等,便于程序的调试。

LabView 是一种用图标代替文本创建应用程序的图形化编程语言。传统文本编程语言根据语句和指令的先后顺序决定程序执行顺序,LabView 则采用数据流编程方式,程序框图中节点之间的数据流向决定了 VI(VI 指虚拟仪器,是 LabView 的程序模块)及函数的执行顺序。

LabView 提供很多外观与传统仪器(如示波器、万用表)类似的控件,可用来方便地创建用户界面。用户界面在 LabView 中被称为前面板。使用图标和连线,可以通过编程对前面板上的对象进行控制。这就是图形化源代码,又称 G 代码。LabView 的图形化源代码在某种程度上类似于流程图,因此又被称作程序框图代码。

LabView 目前有以下几大主流应用:

(1)测试测量。LabView 最初就是为测试测量而设计的。经过多年的发展,LabView 在测试测量领域获得了广泛的承认。至今,大多数主流的测试仪器、数据采集设备都拥有专门的 LabView 驱动程序,使用 LabView 可以非常便捷地控制这些硬件设备。同时,用户也可以十分方便地找到各种适用于测试测量领域的 LabView 工具包。这些工具包几乎覆盖了用户所需的所有功能,用户在这些工具包的基础上再开发程序就容易多了。有时甚至只需简单地调用几个工具包中的函数,就可以组成一个完整的测试测量应用程序。

(2)控制。控制与测试是两个相关度非常高的领域,从测试领域起家的 LabView 自然而然地首先拓展至控制领域。LabView 拥有专门用于控制领域的模块——Viewable。除此之外,工业控制领域常用的设备、数据线等通常都带有相应的 LabView 驱动程序。使用 LabView 可以非常方便地编制各种控制程序。

(3)仿真。LabView 包含多种多样的数学运算函数,特别适合进行模拟、仿真、原型设计等工作。在设计机电设备之前,可以先在计算机上用 LabView 搭建仿真原型,验证设计的合理性,找到潜在的问题。在高等教育领域,有时使用 LabView 进行软件模拟,就可以达到同样的效果,使学生不致失去实践的机会。

PC 机通过 LabView 实现对站点的控制,这需要经过数据采集及仪器控制。基于 PC 的数据采集原理如图 1-8 所示。

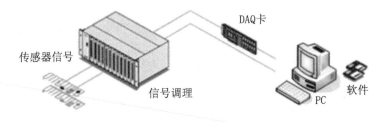

**图 1-8　基于 PC 的数据采集原理**

例如,某一基于 LabView 的伺服电机试验台控制系统的控制流程如图 1-9 所示。

控制系统采用数据采集卡对各项数据进行实时采集。该板卡具有 AI 通道、AO 通道、高速计数器以及 I/O 通道,可方便用于转速、扭矩等信号的采集。试验测试产生的物理信号通过传

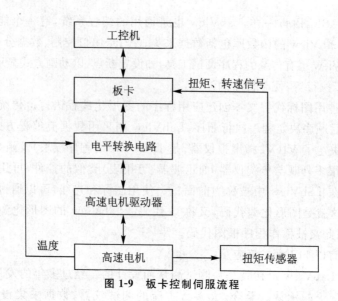

图 1-9　板卡控制伺服流程

感器转换为电压或电流信号后,通过数据采集卡将信号传入 PC 机,借助软件控制数据采集卡进行数据分析、处理。系统用于控制电机速度的模拟电压输出程序以及电机实际转速信号、负载扭矩信号的采集程序通过 LabView 实现。

# 第 2 章　多传感器数据采集单元

### 🖱 知识目标
(1)了解多传感器数据采集单元应用的基本规范。
(2)了解传感器的基本概念。
(3)了解传感器的结构、分类及其特点。

### 📖 能力目标
(1)能够理解传感器的结构及工作原理。
(2)能够理解多传感器数据采集单元各部分作用。

### ▶▶▶ 基本规范
(1)操作人员须依照设备说明书的各项指引与注意事项进行操作。
(2)启动电机时应特别观察是否另有人员正在进行保养、清洁、调整等操作。
(3)禁止在电机运转中尝试进行保养、清洁、调整等操作。
(4)进行保养、清洁、调整操作时,应于操作机台边悬挂警示牌。
(5)禁止穿着松垮或有飘带的衣物上岗操作。
(6)禁止穿戴项链、手镯、手表等可能滑出、垂下之物品上岗操作。
(7)操作前确认操作区域内所有杂物均已清除,保持操作地面干燥无油污。
(8)开启设备前检查周边防护设施是否准备到位。
(9)移动设备或部件时,移动部分不可有松脱物体,配管、配线等应束紧固定。
(10)在调试和维护设备时,至少需要两人协同作业。
(11)操作人员如有长发,需将长发扎起,防止卷入高速旋转的设备中。

## 2.1　工 作 流 程

　　多传感器数据采集单元利用传感器采集输入信息来完成机器人 33 个部件的生产质量的检测,主要分为 25 个位移点以及 8 个颜色点的检测。

　　工作流程包含以下三个步骤:(1)系统的面板复位功能,伺服系统的 X/Y 轴复位找零点和到达机械零点位置的过程。(2)操作流程,主要是系统启动后完成产品检测的过程。(3)自动运行流程,是自动进行产品质量检测的工作流程。

　　在设备完成安全检查后,必须在手动模式下进行复位操作(见图 2-1),待复位完成,完成设备运行的准备工作后,方可进入相应的模式,进行产品的质量检测,操作流程如图 2-2 所示。

图 2-1　复位流程

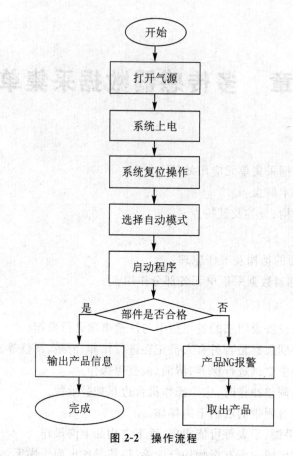

图 2-2　操作流程

　　确认设备内部无载具后,按下启动按钮,设备将开始自动运行。自动运行流程如图 2-3 所示。

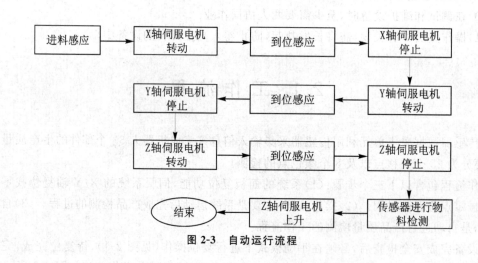

图 2-3　自动运行流程

# 2.2　系统的硬件设计

生产线自动运转主要通过可编程控制器来控制完成。一般来说,可编程控制器由三部分组成:一是输入部分,收集并保存被控制对象实际运行的数据和信息;二是逻辑部分,处理输入部分所取得的信息,并判断哪些功能需做输出处理;三是输出部分,提供正在被控的许多装置中,哪几个需要实时操作处理。其中,输入部分的信息需要由各种各样的传感器来完成。

多传感器数据采集单元主要由钣金机架、控制模块、皮带传送检测单元、传感器采集单元、指示灯及按钮单元、传感器机构执行单元组成,用来检测机器人 33 个部件的生产质量。

本工站采用伺服电机与滚珠丝杆。伺服电机与模组,将电机的圆周运动转化为直线运动,组合成 X/Y 轴的运动方向,满足 33 个位置的精确运动。利用传感器采集输入信息来完成机器人 33 个部件的生产质量的检测,主要利用位移传感器、颜色传感器、安全感光幕、光电传感器等来完成。

## 2.2.1　系统组成

系统整体由控制模块(三菱 FX5U-32MT/ES、三菱 GS 系列触摸屏)、传感器单元(位移传感器、颜色传感器、安全感光幕、光电传感器)、传感器机构执行单元(台达伺服电机、台达 AS-DA-B2 驱动器、模组、滚珠丝杆和滑轨等)、皮带传送单元(变频器、三相交流电机)、指示灯及按钮单元(塔灯、按钮)等构成,如图 2-4 所示。

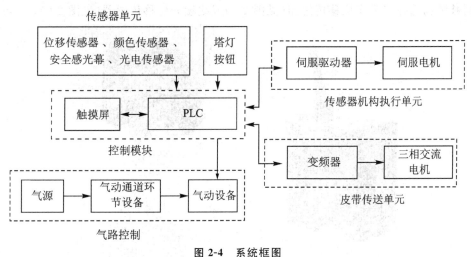

图 2-4　系统框图

## 2.2.2　系统工作原理

多传感器数据采集单元,主要是利用各种传感器采集输入信息来完成机器人 33 个部件的生产质量的检测,包括 25 个位移点以及 8 个颜色点的检测。整个检测流程,包含设备软件调试与自动模式下产品质量检测两部分。设备软件调试主要进行设备参数的设置与调试,包括颜色点颜色的注册以及位移点基准值范围的设置。针对位移点与颜色点的质量检测是否合格,主要是通过检测采集回来的位移值与颜色是否与设备软件调试过程中保持一致,一致则产品合格,否则不合格。对于颜色点,颜色传感器采集当前正在检测的检测目标的"颜色"值,如果大于注册的"颜色"值,就判定为相同"颜色",则检测结果合格。对于位移点,如果位移传感器采集到的位移值在位移基准值的范围之内,则检测结果合格。具体检测过程如下:

工装板(含工件)经上一工位的皮带线传送至本工位(传感器检测单元)的皮带线,皮带线带动工装板向后传输,当传感器检测到工装板到位时,阻挡气缸升起,用于阻挡工装板往下流动。然后皮带线停止运行,工装板下方的顶升气缸顶起工装板,工装板定位稳定后,伺服驱动器驱动伺服电机带动丝杆模组滑块上的检测传感器(位移传感器、颜色传感器)。检测传感器按触摸屏中设置好的运动路径参数移动到不同的检测位置进行检测,运动到相应的检测点后,由PLC读取传感器的检测结果,并判断。如果检测不合格,指示灯报警,所有动作不再往下执行;如果检测合格,则伺服运动模组带动传感器至下一检测点检测。如果所有检测点检测完并合格,则伺服运动模组回到原点位置,工装板顶升气缸下降,阻挡气缸释放,而后皮带线带动工装板(含工件)传送至后续工位,同时本工位开始等待下一工装板的流入。

# 2.3 传感器单元

## 2.3.1 位移传感器

### 1. 分类
根据被测物选择点激光位移传感器(见图2-5)或线激光位移传感器(见图2-6)。

图2-5 点激光位移传感器　　　图2-6 线激光位移传感器

点激光位移传感器可以测量一个点的距离;线激光位移传感器可在X及Z方向上测量物体表面的轮廓,即同时测量一条线段上的若干点的距离。

若选择的是点激光传感器,还需要选择宽光点型、小光点型,见图2-7和图2-8。宽光点型激光传感器可以中和因表面粗糙物体的表面不规则性所产生的漫反射,防止数据波动。小光点型激光传感器可以准确地检测小物体。

图 2-7　宽光点型　　　　　　　图 2-8　小光点型

同时,应该根据安装空间及测量精度要求选择激光位移传感器的工作距离。一般来说,激光位移传感器的测量精度越高则工作距离越低,故需结合安装空间及测量精度要求,以确定激光位移传感器的工作距离。

**2. 基本原理**

位移传感器主要用来检测机器人部件放置的高度是否达到要求,从而实现机器人 33 个部件的生产质量的检测。

激光位移传感器是利用激光技术进行测量的传感器。它由激光器、激光检测器和测量电路组成。激光传感器是新型测量仪表,能够在不接触物体的条件下精确地测量被测物体的位置、位移等变化。

激光位移传感器的基本原理是光学三角法,半导体激光器被镜片聚焦到被测物体;反射光被镜片收集,投射到 CCD 阵列上;信号处理器通过三角函数计算阵列上的光点位置,得到与物体间的距离,如图 2-9 所示。

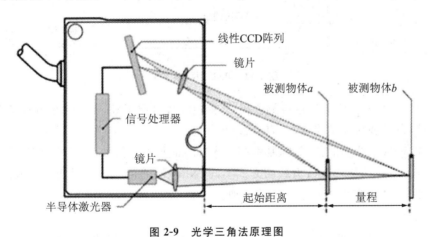

图 2-9　光学三角法原理图

激光位移传感器可以精确测量位移、厚度、振动、距离、直径等细小的几何变化。激光有直线度好的优良特性,相对于我们已知的超声波传感器有更高的精度。但是,激光的产生装置相对复杂且体积较大,因此激光位移传感器的应用范围受到限制。

**3. 基本结构**

位移传感器从结构上来说,分为 NPN 型、PNP 型两种结构。二者的接线方式有所区别,接线图如图 2-10 和图 2-11 所示。

● NPN输出型

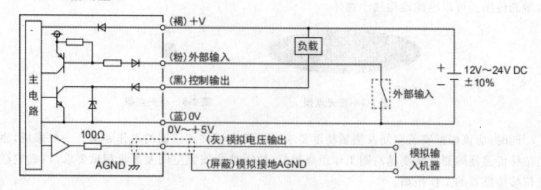

图 2-10　NPN 型接线图

● PNP输出型

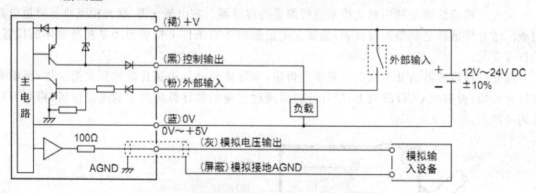

图 2-11　PNP 型接线图

NPN 型和 PNP 型传感器的接线颜色相同,褐色线接电源正极,蓝色线接电源负极,黑色线是信号输出线,灰色线接模拟量 V1+,屏蔽线接 V−。

总体来说,一般三线制的传感器,基本都是褐(棕)正蓝负黑信号。NPN 与 PNP 型传感器,两者的区别在于黑色信号线连接负载的方式不同,NPN 型的传感器信号线接负载之后连接电源,PNP 型的传感器信号线接负载之后连接地。

**4. 工作原理**

NPN 与 PNP 型传感器,本质上是利用三极管的饱和及截止输出两种状态,属于开关型传感器。但输出信号是截然相反的,输出信号即高电平和低电平。NPN 输出是低电平 0,PNP 输出的是高电平 1。

传感器单元工作站(简称本站)采用的是松下 HG-C1050,属于 NPN 型;对应的还有 HG-C1050-P,属于 PNP 型。

**5. HG-C1050 各部件介绍**

松下 HG-C1050 的各部件如图 2-12 所示。HG-C1050 的检查范围:距离检测范围为 −15～+15 mm;模拟量检测范围为 0～2000 m。下面一一介绍相关参数的设置的方法。

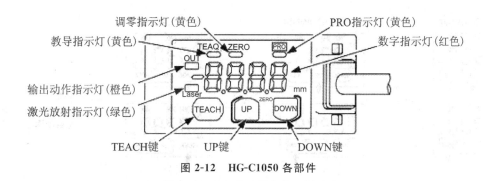

图 2-12　HG-C1050 各部件

1）安装方向

①确定传感器相对于移动体的方向时，若被测物有段差，测量时应按照图 2-13 所示方向安装传感器，从而将误差控制在最小范围。

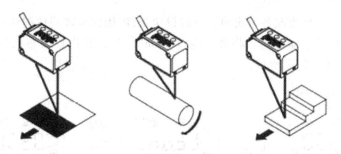

图 2-13　相对于移动体的方向的安装

②当需要在狭隘场所和凹陷处进行测量时，安装时，请注意避免遮挡投光部至受光部的光路，如图 2-14 所示。

③将传感器安装到墙面的情况下，请按照图 2-15 进行安装，以免墙面产生的多重反射光入射到受光部。另外，在墙面的反射率较高的情况下，如将墙面改为无光泽的黑色，可获得良好的效果。

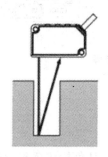

图 2-14　狭隘场所和凹陷处的安装

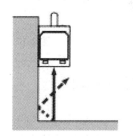

图 2-15　贴墙安装

2）基准值微调功能的设置

位移传感器比较重要的是基准值的设置，位移检测的基准值即理想状态下位移传感器检测到的数值。存在检测物体的状态下，只需按下"TEACH"键，即可简单地设定基准值。这里根据待测产品的高度不一，可对基准值进行微调，这就是传感器的基准值微调功能（见图 2-16）。

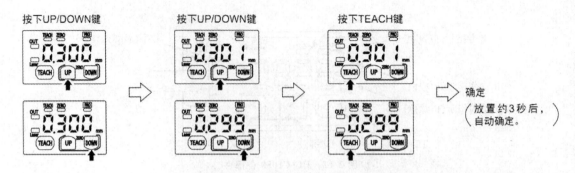

图 2-16 基准值微调功能设置步骤

在实际检测物体时,由于产品部件在使用过程中会存在一定的磨损,一般允许存在一定的误差,即偏差值,当检测结果在这个范围内,即产品质量合格。

3)按键锁定与解锁功能的设置

避免在测量中错误地更改各设定模式下的设定条件,因此牵涉到按键锁定功能。设定按键锁定后,如操作按键,数字显示部分将会出现"Lc.on"。如需再次修改参数需解除按键锁定功能。具体设置步骤如图 2-17 所示。

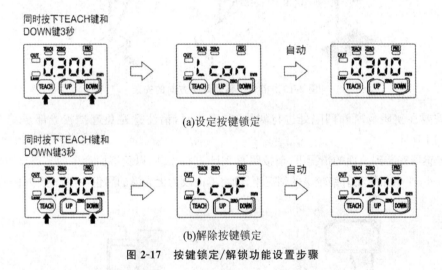

图 2-17 按键锁定/解锁功能设置步骤

### 2.3.2 颜色传感器

**1. 分类**

颜色识别的传感器有两种基本类型,都属于光电式。其一是色标传感器,它使用一个白炽灯光源或单色 LED 光源;其二是 RGB(红绿蓝)颜色传感器,它检测目标物体对三基色的反射比率,从而鉴别物体颜色。

这类装置许多是反射型、光束型和光纤型的,封装在各种金属和聚碳酸酯外壳中。

1)色标传感器

色标传感器常用于检测特定色标或物体上的斑点,它是通过与非色标区相比较来实现色标检测的,而不是直接测量颜色的。色标传感器实际是一种反向装置,光源垂直于目标物体安装,而接收器与物体成锐角方向安装,让它只检测来自目标物体的散射光,从而避免传感器直接接收反射光,并且可使光束聚焦。白炽灯和单色光源都可用于色标检测。

以白炽灯为基础的传感器用有色光源检测颜色,这种白炽灯发射包括红外在内的各种颜色的光,因此用这种光源的传感器可在很宽范围内检测颜色的微小变化。另外,白炽灯传感器的检测电路通常十分简单,因此可获得极快的响应速度。然而,白炽灯不允许振动和延长使用时间,因此不适用于有严重冲击和振动的场合。

使用单色光源(即绿色或红色 LED)的色标传感器就其原理来说并不是检测颜色,它是通过检测色标对光束的反射或吸收量与周围材料的差异而实现检测的。所以,颜色的识别要严格与照射在目标上的光谱成分相对应。在单色光源中,绿光源(565 mm)和红光源(660 mm)各有所长。绿光 LED 比白炽灯寿命长,并且绿光源在很宽的颜色范围内比红光源灵敏度高。红光 LED 对有限的颜色组合有响应,但它的检测距离比绿光 LED 远。通常红光源传感器的检测距离是绿光源传感器的 6～8 倍。

2)RGB 颜色传感器

RGB 颜色传感器对相似颜色和色调的检测可靠性较高。它是通过测量构成物体颜色的三基色的反射比率来实现颜色检测的。由于这种颜色检测法精密度极高,因此 RGB 颜色传感器能准确区别极其相似的颜色,甚至相同颜色的不同色调。一般 RGB 颜色传感器都有红、绿、蓝三种光源,三种光通过同一透镜发射后被目标物体反射。光被反射或吸收的量值取决于物体颜色。

RGB 颜色传感器有两种测量模式。一种是分析红、绿、蓝光的比例。由于检测距离无论怎样变化,只能引起光强的变化,而三种颜色光的比例不会变,因此,即使在目标有机械振动的场合也可以检测。另一种模式是利用红、绿、蓝三基色的反射光强度实现检测目的。利用这种模式可实现微小颜色判别的检测,但传感器会受目标机械位置的影响。无论应用哪种模式,大多数 RGB 颜色传感器都有导向功能,使其非常容易设置。这种传感器大多数都有内建的某种形式的图表和阈值,利用它可确定操作特性。

根据颜色传感器的光点大小,颜色传感器又分为小光点型、大光点型、光点可调型,如图 2-18～图 2-20 所示。光点可调型的颜色传感器可以手动调节光点大小。

图 2-18　小光点型

图 2-19　大光点型

图 2-20　光点可调型

**2. 基本原理**

基恩士品牌 LR-W500C 型颜色传感器是白色光点光电传感器,属于 RGB 颜色传感器,主要检测机器人部件的颜色是否与基准值一致,从而实现机器人 33 个部件的生产质量的检测。

**3. 基本结构**

本站使用的 LR-W500C 型颜色传感器,从结构上说,分为 NPN 型、PNP 型两种结构。两者在接线方式上有所区别,接线图如图 2-21 和图 2-22 所示。

NPN 型和 PNP 型传感器的接线颜色相同,褐色线接电源正极,蓝色线接电源负极,黑色线是信号输出线。两者的区别在于黑色信号线连接负载的方式不同,NPN 型的传感器信号线接负载之后连接电源,PNP 型的传感器信号线接负载之后连接地。

**4. 工作原理**

色标传感器对各种标签进行检测,检测灵敏度高,即使与背景颜色有着细微的差别的颜色也可以检测到,处理速度快。色标传感器的自动适应波长长,能够检测灰度值的细小差别,与标签和背景的混合颜色无关。

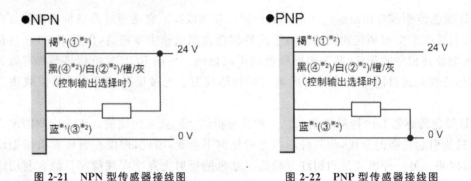

图 2-21　NPN 型传感器接线图　　　　图 2-22　PNP 型传感器接线图

**5. LR-W500C 各部件介绍**

此处以基恩士品牌 LR-W500C 传感器为例,介绍颜色传感器的使用方法。LR-W500C 传感器属于 NPN 型,各部件如图 2-23 所示,可以满足同时检测多种颜色的要求。

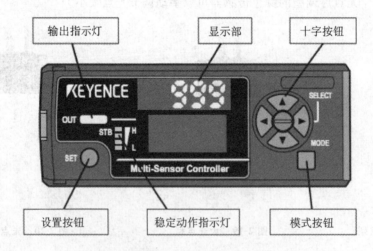

图 2-23　LR-W500C 各模块

显示部:显示检测结果的一致度,显示范围是 0～999。其中一致度,是指当前正在检测的检测目标的"颜色"与作为基准注册的检测目标的"颜色"的一致程度。一致度一般有一个设定范围,表示在多大程度上与作为基准注册的检测目标的"颜色"一致就判定为相同"颜色"。当检测的结果的一致度在设定范围内时,就可以判定为相同"颜色",输出指示灯 OUT,指示灯亮黄色。

**6. LR-W500C 应用**

1)安装方法

为了检测更多不同的颜色,1 台母机最多增设 4 台子机。LR-W500C 属于多功能传感器,控制器 MU-N11 属于母机,控制器 MU-N12 属于子机。

如图 2-24 所示,将主体下部的扣爪对准 DIN 导轨,将主体推向箭头①方向的同时,向箭头②方向放倒。拆卸时,将主体推向箭头①方向的同时,向箭头③方向抬起。使用另购的安装件(OP-76877)时,按照如图 2-25 所示的方式安装。

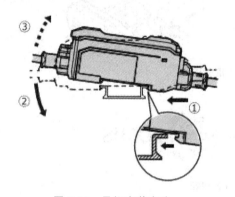
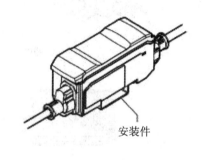

安装件

图 2-24　母机安装方法　　　　　　图 2-25　OP-76877 安装件

增设子机时,请务必关闭电源后再进行作业。具体步骤如下:拆下母机和子机的增设保护罩,在 DIN 导轨上安装 4 台子机,将子机嵌入母机的连接器上,直到发出"吧嗒"声为止,同时在母机和子机的两侧安装另购的终端模块(OP-26751:2 个装)并固定,如图 2-26 所示。

2)调整光点直径

侧面的旋钮(见图 2-27),用来调整光点直径。向右侧转动则焦点距离变近,光点直径变大(见图 2-28);向左侧转动则焦点距离变远,光点直径变小(见图 2-29)。

3)颜色检测与注册

在注册基准检测目标的"颜色"时,有 1 点调谐(检测指定了 1 个"颜色"时)、2 点调谐(检测指定了 2 个"颜色"时)两种方法。

1 点调谐,主要用于检测目标的"颜色"与底板的"颜色"差异明显的情况。具体步骤如下:

a.将传感器移动到物体上方;

b.按住 MODE 键,通过左右按钮选择对应通道;

c.长按 SET 键 3 秒,闪烁松开,注册并检测要作为基准的检测目标的"颜色"。

2 点调谐,主要用于检测目标的"颜色"与底板的"颜色"差异不太明显的情况。具体步骤如下:

a.将传感器移动到物体上方;

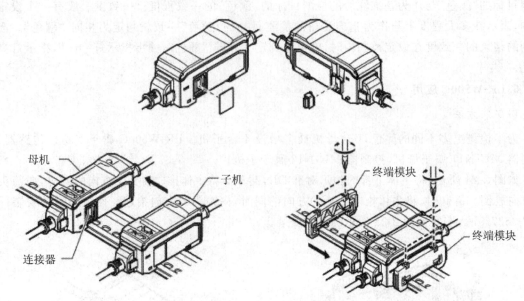

图 2-26 增加子机的过程

图 2-27 FOCUS 按钮

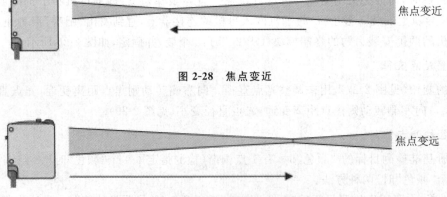

图 2-28 焦点变近

图 2-29 焦点变远

b. 按住 MODE 键,通过左右按钮选择对应通道;

c. 按 SET 键 1 秒,松开,注册并检测要作为基准的检测目标的"颜色";

d. 将物体移开,按 SET 键 1 秒,松开,注册要判别的检测目标的"颜色"。

4）设定值调整

"颜色"注册成功后可通过短按上/下按钮,进行设定值的调整,设定值的数值越大则检测越严格,数值小则检测松。

5）传感器的通道

颜色传感器的通道,分为 1out 16bank,4out 2bank,Binary out,分别用来控制输出,存储基准检测目标的"颜色"值,用于颜色一致度的判别。

6）按键锁定与解锁功能的设置

同时按 MODE 和上/下按钮 3 秒以上,锁定完成,"颜色"注册完成后需要锁紧,否则 PLC 无法控制组别切换。解锁也采用同样的方法。

7）颜色传感器的初始化设定

初始化设定,当 MU-N 系列、LR-W500C 均为出厂设定时,按住 MODE 键的同时按 SET 按钮 5 次,进入选择 YES 模式,进行如下设定:

a. 选择 NPN 模式;

b. 控制输出选择 4out 2bank,可同时进行 8 个颜色的检测（输入 4 控制组别切换,当 OFF 时,为 bank1;当 ON 时,为 bank2）;

c. 白线选择 OFF。

### 2.3.3 安全光幕

**1. 分类**

安全光幕的主要作用是保障设备操作员的人身安全。安全光幕,也称为安全光栅,还称为光电安全保护装置、安全保护器、冲床保护器、红外线安全保护装置等。

安全光幕,一般分为对射式和反射式两种类型。

对射式安全光幕,由发光器、受光器、控制器、信号电缆和控制电缆五部分组成。该安全光幕装置的发光单元、受光单元分别在发光器、受光器（接收器）内,发光单元发出的光直射到受光单元,从而形成保护光幕。

反射式安全光幕,由控制器、传感器、反射器、传输线四部分组成。该安全光幕装置的发光单元、受光单元都在同一传感器内,发光单元发出的光通过反射器反射回受光单元,从而形成保护光幕。

**2. 基本原理**

安全光幕属于红外探测器,用来判断光幕对射区域有无物体。主要组成部分有发光器、受光器、控制器、信号电缆、控制电缆。

（1）发光器:由若干发光单元组成,用于发射红外光线。

（2）受光器:由若干受光单元组成,用于接收红外光线,与发光器对应,形成保护光幕,产生通光、遮光信号,这些信号通过信号电缆传输到控制器。

（3）控制器:为发光器、受光器供电,并处理受光器产生的通光、遮光信号,产生控制信号,进而控制机床的制动控制回路或其他设备的报警装置,实现机床停车或安全报警。控制器又可分为内置式控制器（Q）和外置式控制器（P）和 J 型安全接口:内置式控制器结构小巧紧凑,可安装在机床或其他设备的电气柜内;外置式控制器结构美观牢固,可直接安装在机床壁上或其他设备上;J型安全接口专为需要电平信号控制的系统提供电源并完成信号处理,保证信号安全可靠地传输。

（4）信号电缆:用来传输控制器和发光器、受光器之间的信号。

（5）控制电缆:用来连接控制器、机床及其他设备,以实现机床或其他设备的安全控制。

**3. 基本结构**

安全光幕主要由发射器、接收器(受光器)两部分组成,如图2-30所示。

**4. 工作原理**

安全光幕的发射器发射出调制的红外光,由接收器接收,形成一个保护网。当有物体进入保护网时,就会有光线被物体挡住,受光器产生一遮光信号,通过信号电缆传输到控制器,控制器将此信号进行处理,产生控制信号,控制报警装置,实现安全报警,以防止可能发生的危险运动。

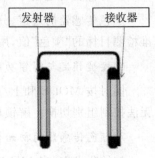

图 2-30 安全光幕的结构

**5. 安全光幕的参数**

安全光幕型号由字母和数字组成,如 XA-NB-18_20 表示点数为 18 点光轴,间距为 20 mm。间距越小,密度越大,防护密度也越大。型号的详细释义如下:

XA:新洲品牌。

N:表示输出信号为 NPN 方式(P 表示输出信号为 PNP 方式)。

B:表示输出信号为常闭(K 表示输出信号为常开)。

08:表示光轴数量(08 表示 8 光轴,10 表示 10 光轴……)。

20:表示光轴间距(20 表示 20 mm,40 表示 40 mm……)。

**6. 安全光幕接线图**

发射器和接收器连接电缆的棕线,均接到设备的电源正极,发射器和接收器的蓝线接负极,两者的黑线对接,接收器的白线为输出线,接设备的输入端。如果负载为继电器,则将白线接继电器的一个输入端(如果继电器有极性要求,NPN 输出时,黑线或者白线接继电器的负极;PNP 输出时,黑线或白线接继电器的正极,继电器的另一输入端接电源的正极或负极),如图2-31所示。

安全光幕有 NPN 双路输出或 PNP 双路输出两种,根据需要可以在两路输出中任选一路使用,也可两路独立设置同时使用,选择其中一路输出使用时可将另一路电缆线减除或做绝缘处理。

NPN/PNP 同时输出方式的安全光幕,NPN 为黑线,PNP 为白线。

**7. 安全光幕的选型**

安全光幕的选型,首先根据最小物体检测精度选择主体,一般按照到达危险源的距离进行选择。

（1）到达危险源的距离较近时(通常约小于手指直径),此时为防止手指侵入,需要选择光轴间距小于手指的安全光栅。成人手指直径约为 14 mm,因此选择光轴间距为 10 mm 的安全光栅,此类光栅安全性最高,如图2-32所示。

（2）到达危险源的距离适中时(通常约小于手掌厚度),此时为防止手掌侵入,需要选择光轴间距小于手掌的安全光栅。成人手掌厚度一般为 25 mm,因此选择光轴间距为 20 mm 的安全光栅,此类光栅为最常用的标准型,如图2-33所示。

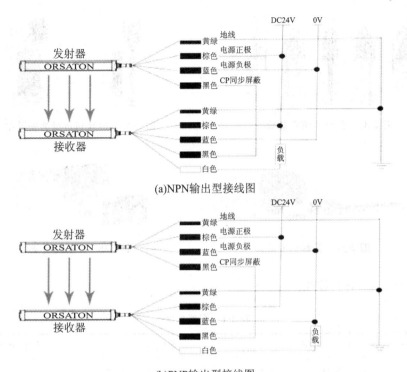

(a)NPN输出型接线图

(b)PNP输出型接线图

图 2-31　安全光幕 NPN/PNP 接线图

　　(3)到达危险源的距离较远时,此时为防止手臂、脚或身体侵入,可选择光轴间距为 40 mm 的安全光栅,如图 2-34 所示。

　　(4)需要指出的是,相同的检测区域,随着光轴间距从 10 mm 增大到 20 mm、40 mm,光栅的成本相应增大。

　　其次,选择主体的长度和光轴数量,即通过待检测区域的高度确定光栅高度。前面已确定了光轴间距,根据间距计算出光轴数量,主体长度＝光轴间距×(光轴数量－1)。

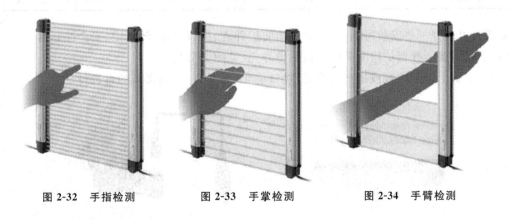

图 2-32　手指检测　　　　　图 2-33　手掌检测　　　　　图 2-34　手臂检测

　　再次,选择快速安装支架。有以下几种安装形式,如图 2-35～图 2-38 所示。

图 2-35 角度调整安装架

图 2-36 边缘到边缘的安装架

图 2-37 直线形安装架

图 2-38 L 形安装架

最后,参照表 2-1 选择缆线。

表 2-1 配线方式

| 配线系统 | | 光同步系统 | 单线系统 | 有限同步系统 |
|---|---|---|---|---|
| 配线图 | | 发射器 接收器 | 发射器 接收器 | 发射器 接收器 |
| 适用缆线 | 发射器 | 5 芯缆线 | 连接缆线 | 7 芯缆线、11 芯缆线 |
| | 接收器 | 5 芯缆线、11 芯缆线 | 5 芯缆线、11 芯缆线 | 7 芯缆线、11 芯缆线 |

必要时可选择一些安装可选件,比如正面防护外壳、接口单元、转角镜、安全控制器。

(1)根据需要选择保护检测面的正面防护外壳(见图 2-39)。

(2)在电脑上设定参数或进行监控时,接口单元(见图 2-40)是必需的可选件。

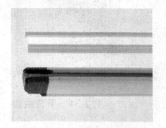

图 2-39 正面防护外壳

图 2-40 接口单元

(3)使用转角镜(见图 2-41)可降低成本、简化配线。

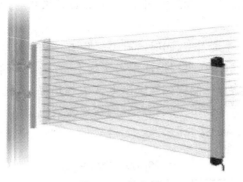

图 2-41　转角镜

## 2.3.4　光电传感器

**1. 分类**

光电传感器,按其接收状态可分为模拟式和开关式两种。

1)模拟式光电传感器

模拟式光电传感器的工作原理是基于光电元件的光电特性,将被测量的变化转换成光电流的连续变化。要求光电元件的光照特性为单值线性,而且光源的光照均匀恒定。模拟式光电传感器又可分为吸收式、反射式、遮光式和辐射式四类。

吸收式:被测物体位于恒定光源与光电器件之间,光源穿过被测物,根据被测物对光的吸收程度或对其谱线的选择来测定被测参数。

反射式:恒定光源发出的光照射到被测物体上,再从其表面反射到光电器件上,根据反射的光通量的多少测定被测物体的表面性质和状态,如测量零件表面缺陷(裂纹、凹坑等)、表面粗糙度、表面位移等。

遮光式:被测物体位于恒定光源与光电器件之间,根据被测物阻挡光通量的多少来测量被测物体的参数,可测定长度、线位移、角位移和角速度等。

辐射式:被测物体本身是光辐射源,由它发出的光射向光电器件,从而实现对被测物体的测量。例如,光电高温计、光电比色高温计、红外遥感器、天文探测器、光照度计、防火报警上用的检测开关等。

2)开关式光电传感器

开关式光电传感器,利用光电元件受光照或无光照时电信号输出的特性(有或者无),将被测量转换成断续变化的开关信号。开关式光电传感器对光电元件灵敏度要求较高,而对光照特性的线性度要求不高。工业上使用此类传感器非常广泛,由于此类传感器输出的是开关信号,因此习惯上称之为光电开关。

**2. 基本原理**

在各类开关中,有一种对接近它的物件有"感知"能力的元件,称为位移传感器。利用位移传感器对接近物体的敏感特性达到控制开关通或断的目的,这就是接近开关。

光电传感器采用的是松下 PM-Y44 型,属于 U 形微型光电传感器,内置放大器,是光电开关。光电传感器将发光器件与光电器件按一定方向装在同一个检测头内,当有反光面(被检测物体)接近时,光电器件接收到反射光后便将信号输出,由此便可"感知"有物体接近。

**3. 基本结构**

光电传感器有电缆型和连接器型,同时所有型号均有 NPN 型与 PNP 型,均装备有两个独立输出:入光时 ON/遮光时 OFF。可根据使用场所的不同,选用不同输出方式。由于装备有两个独立的输出,不存在使用输入控制线控制输出方式的烦琐操作,也不用担心因断线而造成动作相反的事故发生,只要将所需输出方式相对应的线连接就可以了。图 2-42 和图 2-43 所示是 NPN 型与 PNP 型光电传感器的接线图。

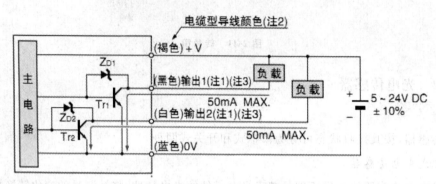

图 2-42　NPN 型光电传感器接线图

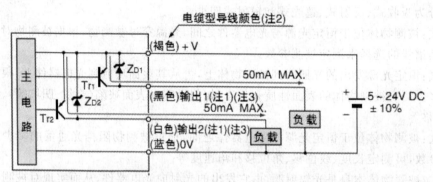

图 2-43　PNP 型光电传感器接线图

**4. 工作原理**

光电传感器 PM-Y44,属于 U 形微型光电传感器,是把一个光发射器和一个接收器面对面地装在一个槽的两侧,也称作槽形光电传感器。光发射器能发出红外光或可见光,在无阻情况下光接收器能接收到光。但当被检测物体从槽中通过时,光被遮挡,光电开关便动作,输出一个开关控制信号,切断或接通负载电流,从而完成一次控制动作。

**2.3.5　磁性开关**

磁性开关,是用来检测磁场的传感器。在当今电气一体化的设备中,作为检测气缸活塞运动位置的传感器,磁性开关无疑是首要选择。

**1. 分类**

磁性开关是一种利用磁场信号来控制线路的开关器件,也叫磁控开关。按工作原理分为有触点型(磁簧管型)和无触点型(电子型)两种。

1)有触点型磁性开关

有触点型磁性开关,是通过内部机械触点的接通与断开来工作的感应开关。

2)无触点型磁性开关

无触点磁性开关也称电子式磁感应开关。它是利用半导体(磁敏电阻)的霍尔效应来感应磁场,然后加上放大电路与开关电路构成的一种感应开关。无触点型又分为三线式、两线式。三线式磁感应开关因内部当作开关用的三极管类型不同,而分为 NPN 型与 PNP 型两种。

**2. 基本原理**

在气缸方面,磁性开关的主要作用就是检查气缸活塞的运作情况。当气缸的磁环移动,慢慢靠近磁性开关时,磁性开关的磁簧片或半导体就会被感应,从而使得触点关闭,产生信号;当气缸的磁环离开感应开关时,磁簧片或半导体失去感应的磁性,从而使得触点断开,没有信号产生。这样就可以检查气缸活塞的位置移动情况。

**3. 基本结构**

磁性开关,采用的是 SMC D-A93。

SMC D-A93 是有触点型磁性开关(见图 2-44)。有触点型磁性开关内部的主要元件是磁簧管(也叫舌簧管),磁簧管的两块簧片是由软磁金属材料制成的。

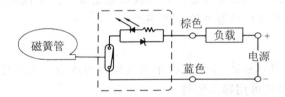

图 2-44 磁性开关内部原理图与接线图

**4. 工作原理**

感应开关安装在带有磁环的气缸上,气缸活塞移动到一定位置,当活塞上的磁铁处在磁簧管正下方时,磁簧管内部的两块弹片分别被磁化成 N 极与 S 极,两块弹片因异性相吸而连接在一起,从而使开关导通,见图 2-45。

当磁铁处在磁簧管的某一侧时,磁簧管的两块弹片会被磁化成相同的 N 极或 S 极,两块弹片因同性相斥而离得更远,如图 2-46 所示。

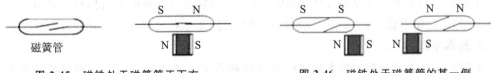

图 2-45 磁铁处于磁簧管正下方　　　　图 2-46 磁铁处于磁簧管的某一侧

如图 2-47 所示,活塞向右运动,当磁环移到 A 位置时,磁簧管被接通,当磁环移到 B 位置时,磁簧管断开,A—B 区间称为动作范围。活塞向左反向运动,当磁环移到 C 位置,磁簧管才接通,当继续左行至位置 D 时,磁簧管才断开,C—D 区间也是动作范围。有触点型磁性开关的动作范围一般在 5～12 mm,与开关型号及气缸缸径有关。如图 2-47 中 A—D 与 C—B 区间,只有活塞向某一个方向运动才可使开关接通,这个区间称为磁滞区间,此区间通常小于 2 mm。除去磁滞区间的动作范围为最适合安装位置,其中间位置称为最高灵敏度位置。

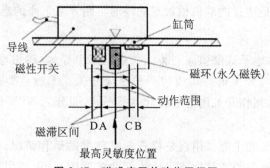

图 2-47   磁感应开关动作区间图

### 2.3.6   负压表

负压表其实是压力传感器。这里的压力概念,实际上指的是物理学上的压强,即单位面积上所承受压力的大小。

**1. 分类**

压力传感器,通常由压力敏感元件和信号处理单元组成。按不同的测试压力类型,压力传感器可分为表压传感器、差压传感器和绝压传感器。

1)表压传感器

表压,是指以大气压力为基准,小于或大于大气压力的压力。表压传感器能感受相对于环境压力的压力并将其转换成可用输出信号。

2)差压传感器

差压,是指两个压力之间的差值。差压传感器,是一种用来测量两个压力之间差值的传感器,通常用于测量某一设备或部件前后两端的压差。

3)绝压传感器

绝压,是指以绝对压力零位为基准,高于绝对压力零位的压力。绝压传感器是能感受绝对压力并将其转换成可用输出信号的传感器。

**2. 基本原理**

压力传感器是指将接收的气体、液体等压力信号转变成标准的电流信号[DC(4~20)mA],以供给报警仪、记录仪、调节器等二次仪表进行测量、指示和过程调节的元器件。

**3. 基本结构**

能够测量压力并提供远传电信号的装置统称为压力传感器。压力传感器的结构形式多种多样,常见的形式有应变式、压阻式、电容式、压电式、振频式等,此外还有光电式、光纤式、超声式等。采用压力传感器可以直接将被测压力变换成各种形式的电信号,便于满足自动化系统集中检测与控制的要求,因而在工业生产中得到广泛应用。

压力传感器,主要是由测压元件传感器、测量电路和过程连接件等组成的。

### 4. 工作原理

在生产线中,负压表以真空吸附为动力源,实现物料的抓起、搬运和装配,完成各种作业。对于任何具有较光滑表面的物体,特别对于非铁、非金属且不适合夹紧的物体,都可使用真空吸附。

物料的抓起、搬运和装配等动作,主要由气动控制负压系统来完成。它是由真空发生装置、控制阀和真空吸盘组成。其工作过程可以概述为由于气体的黏性,高速射流卷吸走腔内的气体,使该腔形成很低的真空度。在真空口处接上配管和真空吸盘,靠真空压力便可吸起吸吊物。其中,真空发生装置有真空泵和真空发生器两种。真空泵是抽除气体的机械,在吸入口形成负压,排气口直接通大气,两端压力比很大。真空发生器是利用压缩空气的流动而形成一定真空度的气动元件。

真空吸盘采用了真空原理,即用真空负压来"吸附"工件以达到夹持工件的目的。通气口与真空发生装置相接,当真空发生装置启动后,通气口通气,吸盘内部的空气被抽走,形成了压力为 $p_2$ 的真空状态。此时,吸盘内部的空气压力低于吸盘外部的大气压力 $p_1$,即 $p_2 < p_1$,工件在外部压力的作用下被吸起。吸盘内部的真空度越高,吸盘与工件之间便贴得越紧。相反,要放工件的时候,就控制真空发生器停止工作,吸盘没有负压了,工件就掉下来了。

其中,采用负压表来测量空气压力,使用的是松下 DP-101,属于表压传感器。负压(真空)是指以大气压力为基准,低于大气压力的压力。因此,负压表又叫真空表。

# 2.4　触摸屏界面

## 2.4.1　触摸屏界面说明

### 1. 主界面

程序正常运行时,将自动进入主界面。界面内包含报警显示区域、自动运行条件区域、产量区域、设备信息等。

### 2. 手动调试界面

进入手动调试界面后,操作者可对调速电机进行手动调试。注意:非专业人员请勿随意改动参数,否则影响自动运行动作。

## 2.4.2　触摸屏界面设计

触摸屏最常用的是三菱品牌 GS2110-WTBD 型。触摸屏(touch screen)又称为触控屏、触控面板,是一种可接收触头等输入信号的感应式液晶显示装置,当接触了屏幕上的图形按钮时,屏幕上的触觉反馈系统可根据预先编程的程式驱动各种连接装置,可用以取代机械式的按钮面板,并借由液晶显示画面制造出生动的影音效果。触摸屏,作为一种最新的计算机输入设备,是目前最简单、方便、自然的一种人机交互方式。它赋予了多媒体以崭新的面貌,是极富吸引力的全新多媒体交互设备。

为了实现更好的人机交互,触摸屏主要设计了以下几个界面,如图 2-48 所示。

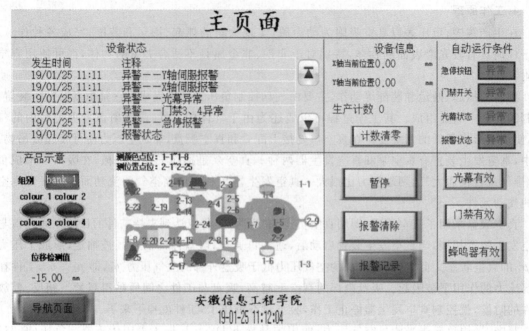

图 2-48　主页面

设备状态:当设备报警时,可通过查看此页面的信息,了解设备具体报警位置。

产品示意:第一,组别切换 bank 1 与 bank 2,bank 1 检测 1-1 至 1-4 的颜色;bank 2 检测 1-5 至 1-8 的颜色,总共 8 个颜色点。第二,显示颜色传感器检测的输出信号。第三,显示位移传感器检测的位置值。

导航页面:切换画面按钮,可以切换到其他界面。

产品图解:显示所检测产品的部件所处的位置,同时显示自动运行检测结果,绿框常亮表示检测正常,红框闪烁表示检测结果异常。

设备信息:显示当前 X、Y 轴当前位置信息,以及产品的生产计数,同时可以通过"计数清零"按钮,进行产品计数清零。

自动运行条件:可显示本站当前的运行状态,有急停按钮、门禁开关、光幕状态、报警状态,可以通过报警指示灯来查看本站的运行情况。

相关的操作按钮:包括"暂停""报警清除""报警记录""光幕有效""门禁有效""蜂鸣器有效"。

操作人员可以通过"DO 调试-1"对电机以及产品的部件的位置进行手动设置,本站检测的产品有 33 个部件,其他未见的部件在"DO 调试-2"界面。相同的操作界面在上文已介绍,在此不再赘述。

本界面可以设置电机手动速度,然后进行部件的调试并手动添加相关位置信息。寻找产品的所有部件的位置信息,是通过 X+,X-,Y+,Y-进行调节的,如图 2-49 所示。当看到传感器的光源对准产品的部件,即找到对应的部件,显示屏上便显示出当前部件的 X 轴与 Y 轴的位置信息,操作人员只需手动输入目标位置的 X,Y 的值即可。

GO 按钮:按下 GO 按钮,电机便按照设定的速度自动到达目标位置。

负极限原点正极限:是电机极限位,正常情况下极限常亮,原点常灭。

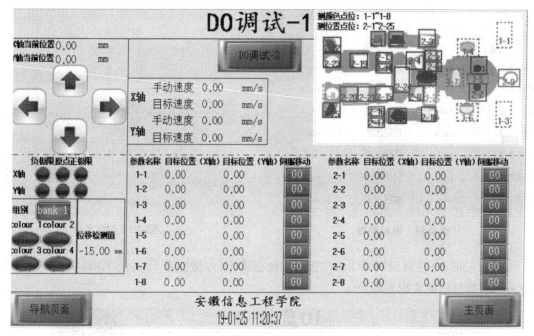

图 2-49　DO 调试-1

　　运行参数界面显示了检测时间（自动状态）、位移检测相关参数和加工信号完成保持时间等参数。

　　检测时间（自动状态）：指在自动状态下，颜色传感器与位移传感器检测到信号后多长时间送至 PLC 进行控制操作，可手动修改，见图 2-50。

　　位移检测相关参数：设置检测 OK 的基准值与允许误差值，表示理想状态下，位移检测的基准值以及允许存在的误差值，见图 2-50。基准值加减误差值即检测合格范围，当检测结果在这个范围内，即位移检测正常，产品合格。

图 2-50　运行参数

　　加工信号完成保持时间：信号从本站传送到流水线所需的时间，手动设置 1 秒左右较为合适，见图 2-50。

　　电机参数界面，主要用来设置电机在各种运动状态下，X 轴与 Y 轴的电机的运动速度以及加速度时间，见图 2-51。

　　IO 通讯界面，主要是本站与流水线之间的联系，可以通过手动操作来完成产品质量的检测，见图 2-52。当流水线处于手动状态，本站处于自动状态时，可手动向本站请求加工信号进行加工。当流水线处于自动状态，本站处于手动状态，可强制本站给流水线输出加工完成信号。

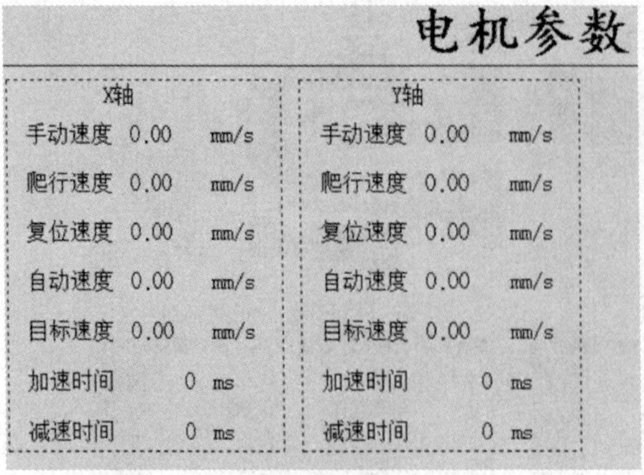

电机参数
X轴
手动速度 0.00 mm/s
爬行速度 0.00 mm/s
复位速度 0.00 mm/s
自动速度 0.00 mm/s
目标速度 0.00 mm/s
加速时间 0 ms
减速时间 0 ms
Y轴
手动速度 0.00 mm/s
爬行速度 0.00 mm/s
复位速度 0.00 mm/s
自动速度 0.00 mm/s
目标速度 0.00 mm/s
加速时间 0 ms
减速时间 0 ms

图 2-51　电机参数

IO通讯
流水线
本站
请求加工
加工完成

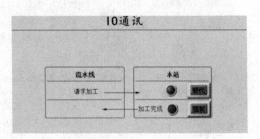

图 2-52　IO 通讯

PLC 对应的 IO 注释说明，IO 动作指示灯也会动作，方便查看 PLC 的 IO 口状态。图 2-53 为该系统的接口功能监控界面。

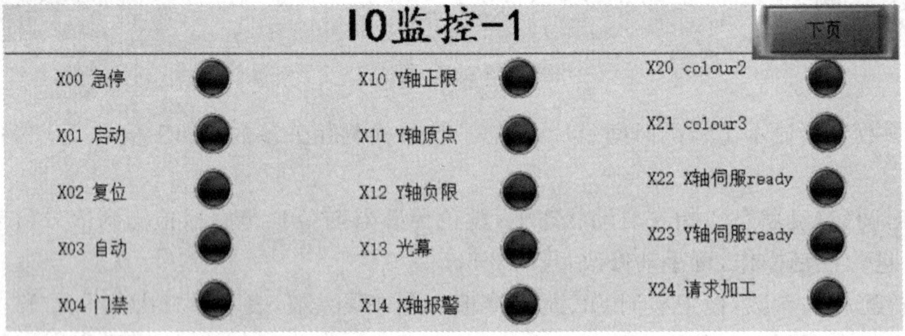

IO监控-1
下页
X00 急停
X01 启动
X02 复位
X03 自动
X04 门禁
X10 Y轴正限
X11 Y轴原点
X12 Y轴负限
X13 光幕
X14 X轴报警
X20 colour2
X21 colour3
X22 X轴伺服ready
X23 Y轴伺服ready
X24 请求加工

图 2-53　IO 监控-1

## 2.5　按钮及指示灯含义

操作面板上主要有“启动”“急停”“手/自动”“复位”四个按钮，按钮作用及含义如下：

“启动”按钮：设备开始自动运行。

“急停”按钮：设备立即停止运动（如遇危险，请按急停按钮）。

“复位”按钮：回归初始点。

“手/自动”按钮：设备进入手动或自动状态的前置条件。

系统指示灯为三色灯，有绿灯亮、黄灯亮、红灯亮和蜂鸣器响四种功能，具体含义如下：

绿灯亮：系统正常运转。

黄灯亮：手动状态或系统准备就绪。

红灯亮且蜂鸣器响：系统报警，请参照主界面的系统状态提示框中显示的内容，排除故障。

# 2.6 软件设计

多传感器单元主要完成两部分内容,第一部分,电机控制 X/Y 轴运动,利用颜色传感器对产品的 8 个部件依次进行检测,判断对应位置的物料颜色是否正确;第二部分,电机控制 X/Y 轴运动,利用位移传感器对产品的 25 个部件依次进行检测,判断对应位置的物料高度是否正确。下面主要介绍多传感器单元是如何进行设备软件调试的,以及在自动情况下,是如何完成产品的质量检测的。

第一,将触摸屏转到电机参数页面,设置电机相关参数,在手动模式下,控制 X/Y 轴按照顺序将颜色传感器的光点移动到 1-1 至 1-8 的位置,并保存 X/Y 的当前位置。然后将位移传感器的光点移动到 2-1 至 2-25 的位置,并保存 X/Y 的当前位置。

第二,控制 X/Y 轴将位移传感器移动到产品的蓝色位置,将当前数值设置为基准值,基准值为 6 mm 左右最合适(可以通过调节位移传感器高度改变检测值),然后设置允许误差值,允许误差值以 2 mm 左右最为合适。再次注册颜色部件的检测目标的基准"颜色"。

第三,触摸屏上运行参数设置,比如设置颜色传感器的检测时间、加工信号完成保持时间等。同时,检查本站与流水线是否正常通信。

第四,设置电机自动速度、复位速度、爬行速度等。

按照图 2-54 完成本站的设备初始化调试,即可以进行产品的质量检测。下面主要介绍设备处于自动模式下,多传感器单元是如何完成机器人 33 个部件的生产质量检测的,如图 2-55 所示。

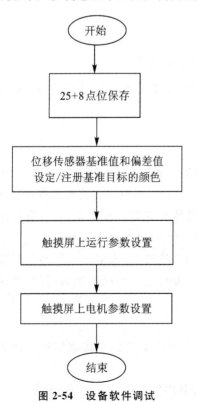

图 2-54 设备软件调试

图 2-55 自动模式下软件操作

首先,将旋钮开关打到手动模式,按下复位按钮,等待设备复位完成。

其次,查看设备状态信息表,显示复位完成后,将旋钮开关打到自动模式,按下启动按钮。

然后,等待流水线发送请求加工信号,设备接收到信号开始运行,按照 1-1 至 1-8,2-1 至 2-25 的顺序进行检测,并将检测结果显示在触摸屏的主页面上。

再次,33 个点位全部检测完毕,如果检测产品合格,发送加工完成信号。

最后,如果产品检测不合格,设备报警提示,需将不合格产品从流水线拿出,并对设备进行报警清除,按下启动按钮,设备再次自动运行。

## 2.7 设备操作手册

在进行产品质量检测时,首先将设备的总电源打开,先打开总电源,后开分电源。关闭设备的时候,先关分电源,后关总电源。其次是打开气缸,推进去是开,拉出来是关。最后,对设备进行安全检查,方可对设备进行操作。

### 2.7.1 运行准备

设备运行前,要对设备进行安全检查。主要包括以下方面:

(1)确认设备外观无明显损伤。

(2)确认设备脚轮保持锁定状态。

(3)确认触摸屏、三色灯显示正常。

(4)确认调速器显示正常。

(5)确认设备内无异物。

(6)确认设备主电缆无明显损伤、无裸露芯丝、插头无松动。

如有异常情况,请及时处理,排除障碍后再启动检测,否则极易对设备或其部件造成不可逆的损伤。

### 2.7.2 操作流程

设备设有两种工作模式,分为自动控制模式与手动控制模式。自动控制模式是指,设备在经过开机调试过后可以自动进行生产任务的工作流程,操作人员只需要监管设备运行即可。手动控制模式是指,除自动控制模式外其他的一切相关操作步骤需手动调试,可以进行设备的单步操作、电机的正反转、单步检测等相关操作,同时还可以与流水线相互通信。

无论是进行手动操作还是自动操作,在设备完成安全检查后,都必须在手动控制模式下进行复位操作,待复位完成,完成设备运行的准备工作后,方可进入相应的模式,进行产品的质量检测。

#### 1. 手动流程

确认设备准备就绪后("安全检查"执行完),程序主界面上方的系统状态提示框中将显示"手动状态",同时设备顶部的三色灯亮黄灯。

进入"DO 调试"界面后,点击响应的按钮即可对设备内的电机进行手动操作。

**2. 自动流程**

确认设备内部无载具后,按下启动按钮,设备将开始自动运行。

注意:程序运行中,请保持安全门关闭,请勿随意打开。请勿将头、手伸入机器内部,在系统暂停前,请勿接近任何正在运转的部件。如无必要,请勿随意按动操作面板上的按钮。

**3. 运行中流程**

检测产品质量的过程中,请注意:

(1)如无工作需要,请勿打开电气控制柜或安全门。

(2)启动设备正常运转后,请勿将头、手放置于设备运行的活动范围内。

(3)如遇报警(设备蜂鸣器响且伴随红灯闪烁),请按界面提示排除故障。

(4)若设备突然停止不动,请及时观察设备提示信息,根据提示消息排除故障,再次启动设备。

(5)设备出现异常应排除故障后再启用,以免对设备或其零部件产生不可逆的损伤。

(6)若遇到紧急情况,请及时按下急停按钮,设备会立刻暂停,避免损伤事件的发生。

(7)请勿在机器附近嬉笑打闹。

**4. 作业完毕后流程**

产品质量检测完毕后,请完成以下操作:

(1)切断电源。切断电源前,请务必确认设备的所有部件均已暂停运行。

(2)关闭气路。请切断气路,解除压力,使各工作部件处于放松状态,延长气缸使用寿命。

(3)清理所有设备中的产品,清理残留在设备中的产品附属物。清理前请务必断电。

(4)清除设备上的其他脏污。清理前请务必断电。清除完毕后,请务必拭去水渍,使设备的所有部件均保持干燥,否则有触电危险。

(5)确认电气控制柜已关闭。

# 2.8 故 障 处 理

**1. 急停报警解除**

系统因突发事件按下急停按钮,设备报警。

当急停按钮按下后,程序停止,设备停止运行,当确认无人员伤害,设备内部的产品及其附属物完全取出后,可以旋开急停按钮,则急停报警解除。

**2. 电机报警解除**

确认电机是否速度过快或过慢,可以通过调速器调整电机运行速度,调试完成后按下主界面内的"报警清除"按钮,系统将自动解除报警。

如果调速电机动作异常,可用以下方法排除:确认电机参数正确;检查电机是否有异物卡住。

**3. 触摸屏故障解除**

触摸屏不亮,排除方法:打开安全门,检查触摸屏电源线是否插稳,如有松动,请紧固;再者确认电控盘内部 24 V 电源是否工作正常。

当设备发出报警信息后应及时观察触摸屏界面,按照提示信息定位故障位置,并及时处理。

（1）门禁开关报警：手动模式下可按触摸屏上的门禁无效按钮，自动模式下需要检测设备的门是否都处于关闭状态。

（2）光幕异常报警：检查光幕是否被遮挡，无遮挡情况下，点击"报警清除"按钮。

（3）产品检测异常：当出现位移传感器检测错误时，检查触摸屏上的运行参数是否设置正确；当颜色传感器检测错误时，检测物料是否颜色不正确，磨损是否严重。

（4）产品异常报警：产品不合格，需要从流水线取出产品，不可进行下一步加工。

当设备出现以上的报警信息后，通过报警信息检查错误根源，解决问题并清除报警信息，检查无误后继续启动设备。

# 2.9  多传感器单元二次开发

目前本站只能完成机器人 33 个部件的产品质量问题的检测，触摸屏的图形界面固定，控件的功能也固定，电机检测的路径和点位也是固定的。由于不同产品可能存在不同的检测点位数量、不同的点位位置、不同的点位检测距离、不同的点位颜色，因此，本站在检测其他产品时，需要对触摸屏以及 PLC 控制程序进行改进，可以从以下几个方面进行二次开发：

（1）对于不同产品，如何读取检测到的颜色与距离值，如何设置参数及判断结果；

（2）触摸屏图形界面的编写，控件功能的编写；

（3）PLC 增加或删除点位，如何驱动伺服电机模组来自由改变路径的编写。

# 第3章 物流传输系统

## 知识目标

(1)熟悉基于 PLC 控制的传送带合理启停的开发流程。搭建具体硬件(含气压、电路等)连接线路,并完成软硬件的调试。

(2)掌握相关 PLC 软件及编程方法,能熟练使用梯形图编写传送带的控制工艺。

(3)掌握电机的用法。

## 能力目标

(1)能掌握物流传输系统的控制工艺指标。

(2)掌握系统对接的设计开发过程。

(3)解决线体的基础工程问题。

## ▶▶▶ 基本规范

(1)操作人员须依照设备说明书的各项指引与注意事项进行操作。

(2)启动电机时应特别观察是否另有人员正在进行保养、清洁、调整等操作。

(3)禁止在电机运转中尝试进行保养、清洁、调整等操作。

(4)进行保养、清洁、调整操作时,应于操作机台边悬挂警示牌。

(5)禁止穿着松垮或有飘带的衣物上岗操作。

(6)禁止穿戴项链、手镯、手表等可能滑出、垂下之物品上岗操作。

(7)操作前确认操作区域内所有杂物均已清除,保持操作地面干燥无油污。

(8)开启设备前检查周边防护设施是否准备到位。

(9)移动设备或部件时,移动部分不可有松脱物体,配管、配线等应束紧固定。

(10)在调试和维护设备时,至少需要两人协同作业。

(11)操作人员如有长发,需将长发扎起,防止卷入高速旋转的设备中。

# 3.1 工作流程

物流运输系统是连接各个单元的物流输送单元,物流单元分上层和下层输送系统线,上层实现底板输送组装功能,下层实现工装板回传再利用功能。

上层传输机构主要由三大部分组成,分别是调速电机、升降气缸、阻挡气缸。首先由阻挡气缸限位,然后由升降气缸将工装板上升至工作位置,最后由调速电机按照从左到右的方向将工装板传送到下一站。

下层传输机构主要由调速电机组成。工装板由调速电机按照从右到左的方向传送到下一站。电控系统包含电气元件的开关和元器件的主要布线,包括断路器、开关电源、PLC、调速器

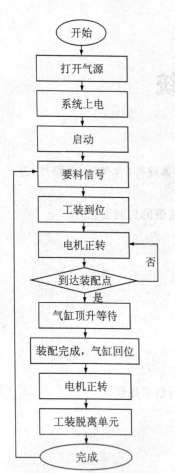

开始

打开气源

系统上电

启动

要料信号

工装到位

电机正转

到达装配点 → 否

是

气缸顶升等待

装配完成，气缸回位

电机正转

工装脱离单元

完成

**图 3-1　输送线工作流程**

等;操作/显示面板的功能是实现人机交互。本单元操作的功能主要包括启动按钮——启动设备自动运行;急停按钮——设备立即停止动作(如遇危险,请按下急停按钮);触摸屏——显示设备运行状态及对设备进行操作。下层传输机构的工作相对于上层传输机构要简单,所以本章主要是通过上层传输机构说明传输系统的工作过程和控制过程。

上层输送线把组装机输送到加工单元对应位置并由气动设备执行到加工单元能加工的位置,加工组装完成后由电机带动皮带使工件流入下一个加工单元位置。该单元的具体操作流程如图 3-1 所示。

## 3.2　系统组成

系统由 HMI(human machine interface,人机界面)、PLC(programmable logic controller,可编程控制器)、RS232 模块、气动设备、信号对接模块、减速电机等部分构成,结构具体如图 3-2 所示,系统流程如图 3-3 所示。

### 3.2.1　HMI

该单元使用的是三菱触摸屏,三菱触摸屏又称为三菱人机界面,是由三菱电机株式会社研发、生产、销售的知名触摸屏品牌之一。目前,HMI 已广泛应用于机械、纺织、电气、包装、化工等行业。它在系统里起到监视控制作用。监视系统的工作过程和状态,通过人机交互控制 PLC 来控制。HMI 在第二章有较详细说明和使用操作方法,具体请参考触摸屏使用手册。

### 3.2.2　PLC

该系统采用 FX5U PLC 完成对系统的管理控制。PLC 完成对开关和传感器信号的采集,对气动设备的控制及单元信号对接等工作。三菱 PLC 在我国的市场占有率比较高,FX5U PLC 属于小型 PLC,隶属于 FX 系列 PLC,它有 FX5U/FX3UC/FX3U/FX3GA/FX3SA/FX3G 等系列。FX5U 具有其他型号所具有的特点,并在以下几个方面做了优化和改进。

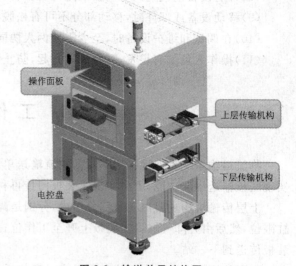

操作面板

上层传输机构

下层传输机构

电控盘

**图 3-2　输送单元结构图**

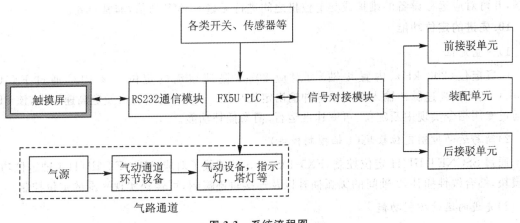

图 3-3　系统流程图

**1. CPU 性能**

作为 MELSEC iQ-F 心脏的 PLC 执行器,新搭载了可以执行结构化程序和多个程序的执行器,并可写入 ST 语言和 FB 语言。程序容量为 64K 步,指令运算速度为 34 ns。

**2. 内置 SD 存储器**

内置的 SD 卡非常便于进行程序升级和设备的批量生产。另外 SD 卡上可以载入数据,对分析设备的状态和生产状况有很大的帮助。

**3. RUN/STOP/RESET 开关**

RUN/STOP 开关上内置了 RESET 功能。无须关闭主电源就可重新启动,使调试变得更有效率。

**4. 内置 RS-485 端口**

通过内置 RS-485 通信端口(带 MODBUS 功能),FX5U PLC 与三菱通用变频器的最长通信长度为 50 m,最多可连接 16 台设备(可通过 6 种应用指令进行控制)。另外也对应 MODB-US 功能,可连接 PLC、传感器、温度调节器等周边设备,最大可连接 32 台设备(包含主站)。

**5. 内置模拟量输入/输出(附带报警输出)**

FX5U 内置 12 位 2ch 模拟量输入和 1ch 模拟量输出。无须程序,仅通过设定参数便可使用。可通过参数来设定数值的传送、比例大小、报警输出。

**6. 安全性高**

MELSEC iQ-F 可以通过安全功能(文件密码、远程密码、安全密码)来防止第三方非法登录,进而规避了数据的盗取及非法操作等行为。

**7. 高速系统总线**

MELSEC iQ-F 在搭载高速 CPU 的同时,实现了 1.5 KB/ms 的通信速度(约为 FX3U 的 150 倍),即使扩展使用多台智能模块时,也可最大限度地发挥其作用。

**8. 无须电池,维护简单**

程序无须电池可保持,计时器数据可通过大容量电容器保持 10 日(根据使用情况会有变化)。备注:使用选件电池时,可实现计时器数据与软元件寄存的停电保持。

**9. 内置 Ethernet 端口**

Ethernet 通信端口在网络上最多可以连接 8 台计算机或设备,实现连接多台计算机和相关

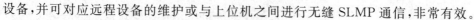

设备,并可对应远程设备的维护或与上位机之间进行无缝 SLMP 通信,非常有效。

**10. 先进的定位功能**

1）内置定位

内置定位（200 kHz、内置 4 轴）可对应 20 μs 高速启动的定位。该 PLC 通过 FX5U/FX5UC 的 8ch 高速脉冲输入和 4 轴脉冲输出定位功能。另外,通过表格设定高速输出,该 PLC 可通过专用指令实现中断定位、可变速度运行、简易插补功能。

2）简易运动控制定位模块（4 轴控制模块）

通过 SSCNET III/H 定位控制,FX5-40SSC-S 是搭载了对应 SSCNET III/H 4 轴定位功能的模块,结合线性插补,2 轴间的圆弧插补以及连接轨迹瞬制,可轻松实现平滑的定位控制。

3）先进的运动控制功能

通过在小巧的设备上搭载简易控制模块,可实现丰富的运动控制。简易运动控制定位模块,只需要通过简单的参数设定和顺控程序,就可轻松实现位置控制、高度同步控制、凸轮控制、速度/扭矩控制。把齿轮、轴、减速机、凸轮等机械上的构造,通过软件转换成同步控制,可轻松地实现凸轮控制、凸轮自动生成等功能。另外,由于可对每根轴同步进行启动、停止的控制,因此可混合使用同步控制轴和定位轴。使用同步编码器轴时,最多可 4 轴同步运行。以前难以做成的旋转切刀的凸轮数据,现在只需输入材料长度、同步宽度、凸轮分辨率等数据,就可自动生成。标记检测功能通过输入工件中的标识,可修正刀具轴的偏差,并保持一定的位置切割工件。

**11. 便捷的工程软件**

三菱 PLC 编程软件 GX Works3 是可对 PLC 进行设计、维护的综合软件。软件的图形化操作简单直观,只需要"选择"就轻松进行编程。软件具有可轻松排除故障的诊断功能,实现编程成本的削减。

**12. 产品构成控制规格**

该 PLC 的控制规模是 32～256 点（CPU 模块:32/64/80 点）,包括远程 I/O 端口在内,可实现最大 512 点的输入输出控制。

### 3.2.3　RS232 模块

由于三菱触摸屏通信采用的是 RS232 通信方式,但三菱 PLC 自带的只有以太网通信接口,为了解决通信问题,该系统选配了 RS232 通信模块。三菱触摸屏和三菱 PLC 的硬件通信组态请参考三菱触摸屏使用手册。

### 3.2.4　气动设备

该系统采用 2 个气缸:1 个阻挡气缸,1 个顶升气缸。2 个气缸主要是完成阻挡、顶升到位功能,为加工单元组装做准备工作。气缸的控制由电磁阀的气路换路来完成,阀芯由电磁线圈得电和失电控制位移。电磁阀的得电和失电由 PLC 集中控制。每个气缸为了保证位置的精确性,系统设计了 2 个位置传感器,一般采用磁性传感器。

### 3.2.5　信号对接模块

该模块是一种集成接口,是为了保证安装施工及单元设备对接方便而设计的,该模块完成与加工单元、前接驳单元、后接驳单元的点位信号对接功能。

### 3.2.6　减速电机

系统采用 220 W 的减速电机拖动传送带运行,减速电机包含控制器、电机两个部分。控制器是管理电机的,系统通过 PLC 输出点位信号给控制器,控制器再控制电机按照已调节好的速度运行。

减速电机选用的型号是 90YT120GV22,它的电压是单相 220 V,电流是 1.45 A,最大输出功率为 200 W,调试范围为 90~1400 r/min,减速比为 1∶5。减速电机是指减速机和电机(马达)的集成体。这种集成体通常也称为齿轮马达或齿轮电机,通常由专业的减速机生产厂进行集成组装好后成套供货。减速电机广泛应用于钢铁行业、机械行业等。使用减速电机的优点是简化设计、节省空间。第二次世界大战后,军事电子装备的迅速发展促进了美国、苏联等国家微型减速电机、直流减速电机的开发和生产。随着减速电机行业的不断发展,越来越多的行业和企业运用减速电机,也有一批企业进入减速电机行业。当前,在世界微型减速电机和直流减速电机市场上,德、法、英、美、中、韩等国保持领先水平。中国微型减速电机和直流减速电机产业形成于 20 世纪 50 年代,历经仿制、自行设计、研究开发、规模制造等阶段,已形成产品开发、规模化生产、关键零部件、关键材料、专用制造设备、测试仪器等配套完整、国际化程度不断提高的产业体系。减速电机有以下特点:

(1)减速电机结合国际技术要求制造,具有很高的科技含量。

(2)节省空间,可靠耐用,承受过载能力高,功率可达 95 kW 以上。

(3)能耗低,性能优越,减速电机效率高达 95% 以上。

(4)振动小,噪声低,节能高,选用优质锻钢材料,齿轮表面经过高频热处理。

(5)经过精密加工,轴平行度和定位精度很高,齿轮传动总成的齿轮减速电机配置了各类电机,形成了机电一体化,完全保证了产品使用质量特征。

(6)产品采用了系列化、模块化的设计思想,有广泛的适应性,本系列产品有极其多的电机组合、安装位置和结构方案,可按实际需要选择任意转速和各种结构形式。

(7)减速电机的特点是效率及可靠性高,工作寿命长,维护简便,应用广泛等。减速电机可分为单级、两级和三级齿轮减速电机,安装布置方式主要有展开式、同轴式和分流式。

(8)两级圆柱减速电机展开式里面,齿轮相对于支承位置不对称,当轴产生弯扭变形时,载荷在齿宽上分布不均匀,因此轴应设计得具有较大刚度,并使得齿轮远离输入端或输出端。

(9)两级圆柱分流式减速电机的外伸轴位置可由任意一边伸出,便于进行机器的总体配置,分流级的齿轮均加工成斜齿,一边右旋,一边左旋,以抵消轴向力。其中的一根轴应能做少许轴向游动,以免卡死齿轮。

(10)同轴式减速电机的径向尺寸紧凑,但轴向尺寸较大。由于中间轴较大,轴在受载时的挠曲较大,因此沿齿宽上的载荷集中现象较严重。同时由于两级齿轮的中心必须一致,因此高速级齿轮的承载能力难以充分利用,而且位于减速电机中间部分的轴承润滑也比较困难。减速电机的输入端和输出端位于同一轴线的两端,限制了传动装置的总体配置。

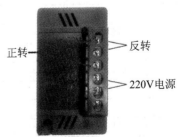

图 3-4　正反转接线示意图

减速控制器选型为 SFB120E,匹配电机功率 120 W,调速方式为面板电位器调速,调试范围为 90~1400 r/min。控制器控制电机正反转,正转短接 COM 与 CCW,反转短接 COM 与 CW。控制器的接线示意图见图 3-4。

# 3.3 系统的工作思路

物流传输系统采用电机拖动皮带轮运动进而输送组装件，采用气动设备阻挡顶升到位。待加工完成后气动设备回位，并由电机继续拖动皮带输送组装机到下个接驳站。该工艺工作过程具体见图 3-5。

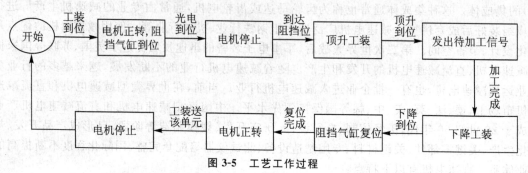

图 3-5　工艺工作过程

首先根据 I/O 口的控制规模（点数）确定 PLC 的型号，然后根据点数分配 I/O 口地址。常见的 I/O 口地址分配表见表 3-1。

表 3-1　地址分配表

| 端口 | 释义 |
| --- | --- |
| X0 | 急停 |
| X1 | 加工完成 |
| X2 | 启动 |
| X3 | 上对射进料检测 |
| X4 | 上对射出料检测 |
| X5 | 下对射出料检测 |
| X6 | 下对射进料检测 |
| X7 | 顶升气缸上限位 |
| X10 | 顶升气缸下限位 |
| X11 | 到位光电 |
| X12 | 阻挡气缸上限位 |
| X13 | 阻挡气缸下限位 |
| X14 | 备用 |
| X15 | 门禁 |
| X16 | 下站输送给本站的要料信号（上层） |
| X17 | 上站输送给本站的要料信号（下层） |
| Y0 | 上层调速电机转动 |
| Y1 | 下层调速电机转动 |
| Y2 | 备用 |
| Y3 | 备用 |

续表

| 端口 | 释义 |
|------|------|
| Y4 | 顶升气缸 |
| Y5 | 阻挡气缸 |
| Y6 | 请求加工 |
| Y7 | 备用 |
| Y10 | 红灯 |
| Y11 | 绿灯 |
| Y12 | 黄灯 |
| Y13 | 蜂鸣器 |
| Y14 | 本站输送给上站的要料信号(上层) |
| Y15 | 本站输送给下站的要料信号(下层) |
| Y16 | 备用 |
| Y17 | 备用 |

# 3.4　硬件设计

电气柜的布局如图 3-6 所示,主要有欧姆龙继电器、开关电压、三菱 FX5U-32MT 的 PLC、三菱通信扩展模块 FX5U-232-ADP、端子排、断路器和漏电保护器等。

## 3.4.1　主电路设计

物流传输系统的主电路供电有 220 V 和 24 V,所以本单元选择一个 22 A 的台湾明纬直流电源,直流电源给各种传感器、PLC 的控制设备、触摸屏等供电。空气开关控制电机电源,漏电保护器控制控制柜的总电源,以保证人身安全。排插的设计解决二次取点的问题,完成组装调试等用电作业。三菱 PLC 的供电采用交流 220 V 供电方式,具体参见图 3-7。

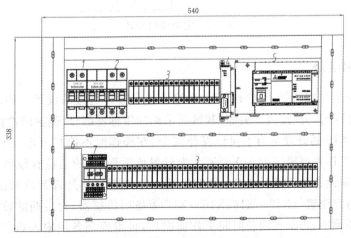

图 3-6　电气柜布局图

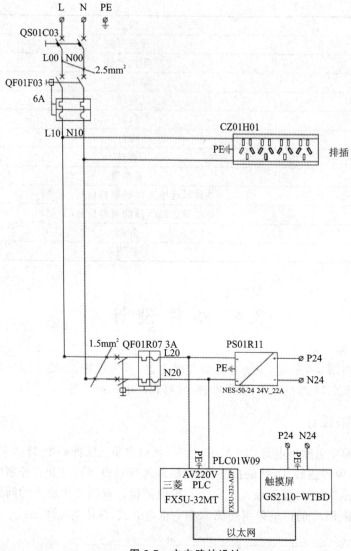

图 3-7　主电路的设计

### 3.4.2　控制电路

　　PLC 控制系统的电路包括 PLC 输入电路的设计和输出电路的设计。PLC 输入电路部分有主令电气（包括急停开关、按钮开关等）和数据采集的传感器部分（包括磁性传感器、光电传感器等）。磁性开关 X15 的设置是为了保证操作安全，在操作时不能打开电气柜玻璃门禁，当门禁打开时，系统不工作并报警。X3～X6、X11 为对射传感器，目的是检查设备是否到达该操作区域，从而自动判断设备是否开始工作。X7 和 X10 为判断气缸是否到位的磁性开关，确保气缸工作时能到达指定位置。X12～X14、X16～X17 为备用传感器，为后期的设备维护和设备的简单改造做的必要预留，当某点因长时间工作而损坏，可以换到备用输入口。当设备需要进一步完善或二次开发时可以使用备用口来新增输入。在工程开发中，我们设计和选型时必须保证一定的输入输出余量，余量一般不低于 30%，输出接口也符合该规则。如果控制器没有预留输入输出口,接口满负荷会导致控制器的稳定性和可靠性下降。具体如图 3-8 所示。

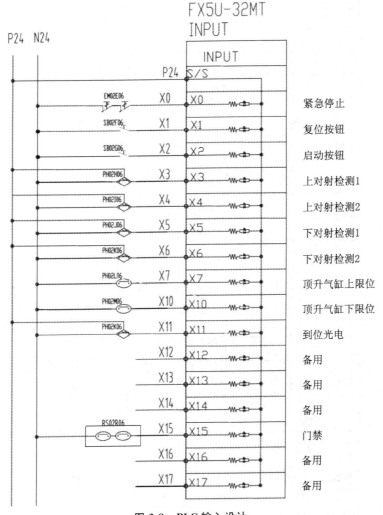

图 3-8　PLC 输入设计

PLC 的输出包含气缸的电磁阀控制、电机的控制、塔灯的红绿黄灯蜂鸣控制。Y0、Y1 控制中间继电器 KA,KA 线圈闭合,开关导通,从而使减速电机控制器的 COM 和 CW 短接,电机正转。Y4、Y5 控制气缸的电磁阀得失电,通过气路切换使气缸下降或上升。塔灯是模块化组件,该组件内部集成了三色灯和一个蜂鸣器,所以该组件至少有 6 根接线端。该单元分配 Y10～Y13。其余输出口备用,备用的必要性请参考 PLC 输入部分的说明。输出部分如图 3-9 所示。

## 3.4.3　电机控制

电机采用减速电机控制器 SF04J07 控制,该控制器主要是实现电机的单向运行,本单元的输送线只有一个方向,所以控制器只需要控制电机正转。KA04F08 继电器由 PLC 的输出端控制,与电机的 S1、S2、Z2、U2、U1 对接,控制器的功率为 120 W,动力线选择 1.5 mm$^2$ 导线。具体接线方式如图 3-10 所示。

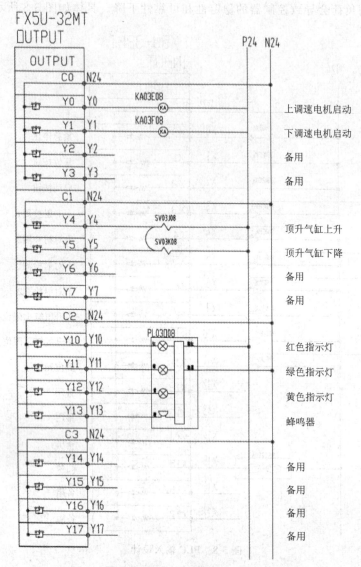

图 3-9　PLC 的输出部分设计图

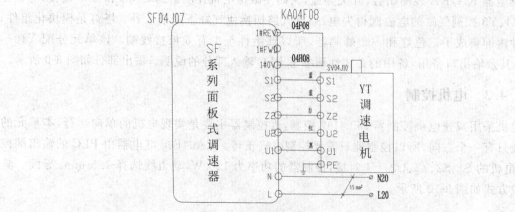

图 3-10　电机控制器的接线

# 3.5　软件设计及说明

　　根据上述需要完成硬件设计和 I/O 功能分配表设计,软件设计的操作流程类似于 FX5U PLC,系统的软件设计思路如图 3-11 所示,具体代码因篇幅原因在此不做赘述。

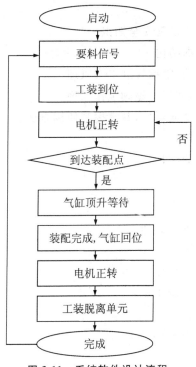

**图 3-11　系统软件设计流程**

　　系统启动,将要料信号发送给上接驳站,接驳站如果有装配件,传送带就正转运行,向右传动。如果没有接收到要料信号,接驳站就把装配件送到该站传送带入口,对射光电传感器检测到装配件后,启动电机运行到装配位置并由阻挡气缸阻挡保证位置正确,到位传感器检测到位后顶升气缸顶升,发送加工信号给加工单元,加工单元开始加工,加工完成后发送信号给该系统,加工完成。阻挡气缸下降,顶升气缸下降,电机正转流动到下接驳站,后完成一个周期并复位相关输出,等待下次输送作业信号。

# 第4章 自适应气动系统

### 知识目标

(1)了解气动设备的基本规范及其安全知识。

(2)熟悉气压传动系统的基本结构。

(3)认识气缸元件的基本结构,掌握气缸工作原理。

(4)认识电磁阀的基本结构,掌握电磁阀工作原理。

(5)认识气动控制最小系统中元器件,并掌握其使用方法。

(6)了解气动控制的设计原理。

(7)了解气动控制负压系统的结构。

### 能力目标

(1)能掌握气动设备的安全操作。

(2)认识气动系统的主要装置及其作用。

(3)认识并能绘制气缸元件图。

(4)能够理解气缸和电磁阀工作原理。

(5)能看懂气动流程图并按图施工。

(6)能够正确安装气动元器件。

(7)能够理解气动控制负压系统的结构。

(8)掌握气动控制的编程方法。

### 基本规范

(1)操作人员须依照设备说明书的各项指引与注意事项进行操作。

(2)启动电机时应特别观察是否另有人员正在进行保养、清洁、调整等操作。

(3)禁止在电机运转中尝试进行保养、清洁、调整等操作。

(4)进行保养、清洁、调整操作时,应于操作机台边悬挂警示牌。

(5)禁止穿着松垮或有飘带的衣物上岗操作。

(6)禁止穿戴项链、手镯、手表等可能滑出、垂下之物品上岗操作。

(7)操作前确认操作区域内所有杂物均已清除,保持操作地面干燥无油污。

(8)开启设备前检查周边防护设施是否准备到位。

(9)移动设备或部件时,移动部分不可有松脱物体,配管、配线等应束紧固定。

(10)在调试和维护设备时,至少需要两人协同作业。

(11)操作人员如有长发,需将长发扎起,防止卷入高速旋转的设备中。

# 4.1　基础知识介绍

## 4.1.1　气动设备基本规范

在使用和设计气动设备时首先保证自身及其使用者的人身安全。在使用前,应进行检查,确保已安装过流关断阀、气路软管无切口和裂缝、各部件连接紧固、开关处于关闭位置。不应将软管锐角弯曲、缠绕、打结或将重物置于其上。拆卸气动装置前应关闭气管路阀门,释放管路余压后方可实施。

在实际的设计选型阶段,需要注意产品规格,依据产品参数来选定能满足设计需求的型号,确定产品规格的合适范围。气缸行程应在能使用的最大行程以内。有惯性力的活塞在行程末端因碰上缸盖而停止时,应在气缸不致破损的范围内使用。安装速度控制阀时,应从低速慢慢地将气缸的驱动速度调整到所需的速度。长行程气缸上应设置中间支撑。

气动系统在设计使用时可能出现的一些风险如下。

(1)由于机械滑动部位出现别劲现象而引起受力变化,气缸会有冲击动作的危险。在这种场合下,操作人员的手脚易被夹住,机器也会受损伤,故从设计上应考虑能平稳地调整机械运动,保证人身安全。

(2)担心被驱动物体或气缸可动部分危及人身安全时,应加防护罩,防止人体直接接触危险场所。

(3)气缸的固定部位和连接部位必须牢固连接,特别是在动作频率高的使用场合。

(4)部分工作场合需要减速回路和液压缓冲器。在被驱动物体质量大和速度快的场合下,仅靠气缸的缓冲吸收冲击能量有困难时,应在进入缓冲之前设置减速回路或者在外部设置液压缓冲器以吸收冲击能。在这种场合要充分检查机械装置的刚度。

(5)考虑气源出故障的可能性。在气源、电源等控制装置上,当这些动力源出现故障时,应有不会造成人体和装置损伤的对策。

(6)用方向控制阀驱动气缸的场合,风险较大。当把回路内的残压排出去后再启动时,由于气缸内的压缩空气处于排空状态,当在活塞的一侧加压时,被驱动物体将高速伸出。这种情况下,手足等容易被夹住或机械装置容易受到损伤,因此必须设计有防止被驱动物体高速伸出的回路。

(7)人为让设备紧急停止或停电时,应充分规避风险。系统出现异常时,在安全装置起作用且机械停止运转的场合下,气缸会发生动作,设计时应保证人身、元件及装置不受损伤。

(8)考虑紧急停止、异常停止后再启动场合的安全。再启动时,人身及装置应不受到伤害,设计应充分考虑再启动场合的人身与设备安全。在气缸有必要复位至始动位置的情况下,应配有安全的手动控制装置。

(9)要避免仅用气缸进行同步动作。多只气缸在初期设定在同一速度,但由于许多条件的变动,速度会发生变化,因此,多只气缸同步动作时,应避免移动一个负载的设计。

(10)夹紧和提升等机构上使用气缸的场合,其潜在风险较大。由于停电等原因导致回路压力降低,推力减少,可能存在工件脱落或负载落下的危险,因此必须设置人体和机械装置不受损害的安全装置。

(11)在检查中,必须保证所有的电线和启动动力线处于绝缘状态。所有的压力都要释放掉,可移动部件必须被锁住。

### 4.1.2　气动基本知识与技能

**1.气动应用基本常识**

气动是"气动技术"或"气压传动与控制"的简称。气动技术是以空气压缩机为动力源,以压缩空气为工作介质,进行能量传递或信号传递的工程技术,是实现各种生产控制、自动控制的重要手段之一。

目前实现自动化的主要方式有机械方式、电气方式、电子方式、液压方式和气动方式。气动方式与其他传动和控制方式相比,其主要优缺点如下。

1)优点

(1)气动装置结构简单、轻便,安装维护简单。压力等级低,使用安全。

(2)工作介质是取之不尽、用之不竭的空气。排气处理简单,不污染环境,成本低。

(3)输出力及工作速度的调节非常容易。气缸动作速度一般为 50～500 mm/s,比液压和电气方式的动作速度快。

(4)可靠性高,使用寿命长。电气元件的有效动作次数约为数百万次,而一般电磁阀的寿命大于 3000 万次,某些质量好的电磁阀的寿命超过 2 亿次。

(5)利用空气的可压缩性,可存储能量,实现集中供气;也可短时间内释放能量,以获得间歇运动中的高速响应;还可实现缓冲,对冲击负载和过负载有较强的适应能力。在一定条件下,气动装置有自保持能力。

(6)全气动控制具有防火、防爆、耐潮的能力。与液压方式相比,气动方式可在高温场合使用。

(7)由于空气流动损失小,压缩空气可集中供应,远距离输送。

2)缺点

(1)由于空气的压缩性,气缸的动作速度易受负载的变化而变化。采用气液联动方式可以克服这一缺陷。

(2)气缸在低速运动时,由于摩擦力占推力的比例较大,气缸的低速稳定性不如液压缸。

(3)虽然在许多应用场合,气缸的输出能力满足工作要求,但其输出力比液压缸小。

**2.气动元件的发展动向及其应用**

随着气动工具在工业和其他行业的广泛应用,国内从事气动工具生意的商铺数量也逐年攀升。随着市场的不断扩展,新产品不断涌现出来,不少企业的技术装备水平和产品质量也在普遍提高,我国气动行业的发展前景非常可观。其发展方向有如下方面。

(1)为提高生产效率,气动元件向高速度、高输出力方向发展。机电一体化是当前技术发展的趋势,为了使微型计算机、控制器能与气缸组成机电一体化的气动系统,气动元件向低功率、小型化和轻型化方向发展。

(2)为提高工业自动化设备的可靠性,气动元件向高质量、高寿命和高精度方向发展。

(3)气动元件向无油润滑元件方向发展,以适应电子、食品、医药、纺织工业的无污染要求。

随着人们的要求越来越高,气动工具无油、无味、无菌化的功能将被不断开发出来,节能、低功耗是企业永久的课题。

　　现在气动工具与电子电器、液压工具一样,都是生产过程自动化最有效的技术之一,广泛地运用于各个领域。据统计,在工业发达国家中,全自动化流程中约有30%装有气动系统。我国气动制造业和气动技术的研究与应用起步较晚,近几十年已有很大的发展。气动技术已逐步推广应用于各个工业领域,在生产过程中发挥了显著的效益,在制造业、生产自动化行业、机械设备行业、电子半导体行业以及包装过程自动化行业等得到广泛应用。

### 4.1.3　气压传动系统

　　通过气压发生装置将电动机输出的机械能转变为空气的压力能,利用管路、各种控制阀及辅助元件将压力能传送到执行元件,再转换成机械能,从而完成直线运动或回转运动,并对外做功。

　　一个气压传动系统主要包含气源装置、控制元件、执行元件、辅助元件和气动逻辑元件,其实物结构如图4-1所示。其传递过程,先通过动力元件(空气压缩机)将电动机输入的机械能转换为气体压力能,再经密封导管和控制元件等输送至执行元件,将气体压力能转换为机械能以驱动工作部件。

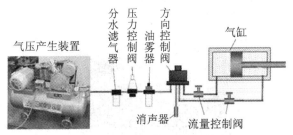

图4-1　气压传动系统结构

#### 1. 气源装置

　　气源装置为气动系统提供符合质量要求的压缩空气,它主要由空气压缩机(图4-2)、空气净化器、过滤器(图4-3)、储气罐和空气干燥器(图4-4)五大部分组成。

图4-2　空气压缩机和储气罐　　　　图4-3　过滤器　　　　图4-4　空气干燥器

#### 2. 控制元件

　　气动控制元件用于控制和调节压缩空气的压力、流量和流动方向,保证执行元件达到所要求的输出力(或力矩)、运动速度和运动方向,以便执行机构完成预定的工作循环。它包含各种压力控制阀、流量控制阀和方向控制阀等。

　　压力控制阀[图4-5(a)]主要用于保证减压后的压力稳定,一般设置为0.5～0.6 MPa。

　　气源处理元件[图4-5(b)]包括很多元件,如空气过滤器、减压阀、油雾器、排水器、干燥

(a)　　　　　　　　　　　(b)

图 4-5　压力控制阀与气源处理元件

等。气源处理元件能够去除系统中压缩空气的有害物质,就过滤、空气干燥作用并保证压强在合理的范围之内。气源处理器的选择与使用不仅取决于使用场所的流量和压力要求,也取决于可供系统用的流量和压力,还取决于气源处理元件所处的环境条件。

方向控制阀用于控制压缩空气的流动方向和气流的通断,根据气流的方向可以分为单向阀和换向阀。图 4-6 是一个二位三通换向阀。

图 4-6　二位三通换向阀

**3. 执行元件**

执行元件是将压缩空气的压力能转换为机械能的装置,输出力和速度(或旋转运动转速),带动负载进行直线运动或旋转运动。主要包括气缸和气马达,实现直线运动和做功的是气缸,实现旋转运动和做功的是气马达。普通气缸的缸筒内只有一个活塞和一个活塞杆,分为单作用和双作用两种形式。双作用活塞式气缸的实物图如图 4-7 所示。

图 4-7　双作用活塞式气缸

**4. 气动辅助元件**

气动辅助元件指使压缩空气净化,起润滑、消声作用及用于元件间连接等所需的装置和元件,它保证系统能够稳定正常工作。常用的辅助装置包括气管、快速接头、储气罐、消声器和压力表等,如图 4-8 所示。

图 4-8  常用气动辅助元件

**5. 气动逻辑元件**

气动逻辑元件是通过元件内部的可动部件的动作改变气流方向来实现一定逻辑功能的气动控制元件。按照结构形式可以分为高压截止式、膜片式、滑阀式和射流元件。气动逻辑元件具有抗污染能力较强、无功耗气量低、带负载能力强、连接匹配简单、调试容易等优点,但是在运算速度较慢时,在强烈冲击和振动条件下,可能出现误动作。

# 4.2  自适应气动系统介绍

## 4.2.1  气缸的工作原理

**1. 气缸的结构**

气缸是引导活塞在缸内做直线往复运动的圆筒形金属机件,能够将压缩气体的压力能转换为机械能,在气压传动系统中属于执行元件。按照压力作用的方向不同,气缸可分为单作用气缸和双作用气缸。按照受压部件的结构不同,气缸分为活塞式气缸和非活塞式气缸(如膜片气缸)。本节主要介绍单作用气缸和双作用气缸。

典型气缸内部结构如图 4-9 所示,它主要包含缸筒、端盖、活塞、活塞杆和密封圈等装置。

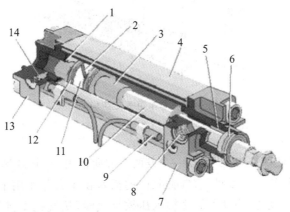

图 4-9  典型气缸结构

1、3—缓冲柱塞;2—活塞;4—缸筒;5—导向圈;6—防尘圈;7—前端盖;8—气口;
9—传感器;10—活塞杆;11—耐磨环;12—密封圈;13—后端盖;14—缓冲节流阀

1）缸筒

缸筒的内径大小代表了气缸输出力的大小。

2）端盖

端盖上设有进排气通口,杆侧端盖上设有密封圈和防尘圈,以保证气缸的密封性和挡住灰尘,以免影响气缸工作。杆侧端盖上设有导向套,以提高气缸的导向精度,避免活塞杆在自身重量的作用下产生向下弯量,起延长气缸使用寿命的作用。

3）活塞

活塞是气缸中的受压零件,一侧连接活塞杆。活塞设有活塞密封圈,可以有效地防止两腔窜气。活塞耐磨环可提高气缸的导向性,减少活塞密封圈的磨耗,减少摩擦阻力。

4）活塞杆

活塞杆是气缸中最重要的受力零件。它与活塞连接,与活塞同步运动。

5）密封圈

密封圈的作用是防止润滑油漏出及外物侵入。主要密封件有动环和静环。

动环:回转或往复运动处部件的密封圈,也称为动密封。

静环:静止件部分的密封圈,也称为静密封。

**2. 气缸的工作原理**

1）单作用气缸

单作用气缸仅一端有活塞杆,从活塞一侧供气产生气压,气压推动活塞产生推力伸出,靠弹簧或自重返回,其结构如图 4-10 所示。当从气缸无杆腔进气孔输入压缩空气,并从气缸的有杆腔气孔排气,气缸腔内的活塞在压力差作用下克服阻力负载和弹簧力推动活塞运动,使弹簧压缩,活塞杆伸出。当停止输入空气,弹簧恢复,活塞在弹簧力的作用下克服阻力负载做推动运动,气体排出,活塞杆缩回。通过进气孔的间歇性供气,弹簧的弹力驱动活塞做往复直线运动。

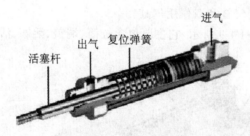

图 4-10　单作用气缸结构图

2）双作用气缸

双作用气缸从活塞两侧交替供气,在一个或两个方向输出力,其结构如图 4-11 所示。当从气孔 1 输入压缩空气时,从气孔 2 排气,气缸腔内的活塞在压力差作用下克服阻力负载推动活塞运动,使活塞杆伸出。反之,当从气孔 2 输入压缩空气时,从气孔 1 排气,气缸腔内的活塞在压力差作用下克服阻力负载推动活塞运动,使活塞杆缩回。通过不断交替控制进气和排气的方向,活塞被驱动着做往复直线运动。

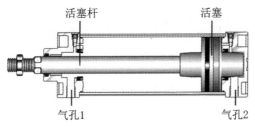

图 4-11　双作用气缸结构

### 3. 气缸的选型及计算

**1）气缸的选型**

气缸的选型应根据工作要求和条件，正确选择气缸的类型。下面以单活塞杆双作用气缸为例介绍气缸的选型步骤。

（1）气缸缸径。根据气缸负载力的大小来确定气缸的输出力，由此计算出气缸的缸径。

（2）气缸的行程。气缸的行程与使用的场合、机构的行程有关，但一般不选用满行程。

（3）气缸的强度和稳定性计算。

（4）气缸的安装形式。气缸的安装形式根据安装位置和使用目的等因素决定。一般情况下，采用固定式气缸。在需要气缸随工作机构连续回转时（如车床、磨床等），应选用回转气缸。当活塞杆除做直线运动外，还需做圆弧摆动时，则选用轴销式气缸。有特殊要求时，应选用相应的特种气缸。

（5）气缸的缓冲装置。根据活塞的速度决定是否采用缓冲装置。

（6）磁性开关。当气动系统采用电气控制方式时，可选用带磁性开关的气缸。

（7）其他要求。如气缸工作在有灰尘等恶劣环境下，需在活塞杆伸出端安装防尘罩。要求无污染时需选用无油润滑气缸。

**2）气缸直径计算**

气缸直径的设计计算需根据其负载大小、运行速度和系统工作压力来决定。首先，根据气缸安装及驱动负载的实际工况，分析计算出气缸轴向实际负载 $F$，再由气缸平均运行速度来选定气缸的负载率 $\beta$，初步选定气缸工作压力（一般为 0.4～0.6 MPa），再由 $F/\beta$ 计算出气缸理论输出力 $F_1$，最后计算出缸径及杆径，并按标准圆整得到实际所需的缸径和杆径。

例题：双作用气缸推动工件在水平导轨上运动。已知工件等运动件的质量 $m$ 为 250 kg，工件与导轨间的摩擦系数 $\mu = 0.25$，气缸行程 $s = 400$ mm，经 1.5 s 工件运动到位，系统工作压力 $p = 0.4$ MPa，试选定气缸直径。

解：气缸实际轴向负载为

$$F = \mu mg = 0.25 \times 250 \times 9.81 = 613.13 (\text{N})$$

气缸平均速度

$$v = \frac{s}{t} \approx 267 (\text{mm/s})$$

选定负载率

$$\theta = 0.5$$

则气缸理论输出力

$$F_1 = \frac{F}{\theta} = \frac{613.13}{0.5} = 1226.26(\text{N})$$

双作用气缸理论输出力

$$F_1 = \frac{1}{4}\pi D^2 \cdot p$$

气缸直径

$$D = \sqrt{\frac{4F_1}{\pi p}} = \sqrt{\frac{4 \times 1226.26}{3.14 \times 0.4}} \approx 62.49(\text{mm})$$

按标准圆整,选定气缸缸径为 63 mm。

## 4.2.2 电磁阀的工作原理

### 1. 电磁阀的结构

方向控制阀是用以改变管道内气体或液体流向的控制元件。电磁阀属于方向控制阀,利用其电磁线圈通电时,静铁芯对动铁芯产生电磁吸力使阀芯切换,达到改变气流方向的目的,用来控制气体的运动方向,是自动化基础元件,在工厂液压、气动机械装置中普遍使用。

国内外的电磁阀从原理上分为三大类:直动式、分步直动式、先导式。而从阀的结构和材料上的不同与原理上的区别又分为六个分支小类:直动膜片结构、分步重片结构、先导膜式结构、直动活塞结构、分步直动活塞结构、先导活塞结构。按照电磁线圈的个数,又分为单电控电磁阀和双电控电磁阀。图 4-12 为典型的三通直动式座阀式单电控常断型电磁阀的结构图,包含阀芯弹簧、阀体、电磁线圈、动铁芯、复位弹簧等器件。

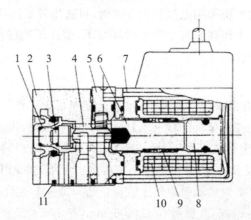

**图 4-12　三通直动式座阀式单电控常断型电磁阀**

1—阀芯弹簧;2—阀体;3—座阀阀芯;4—推杆;5—手动调节杆;6—动铁芯;7—阀盖;8—静铁芯;
9—复位弹簧;10—电磁线圈;11—板接密封圈

### 2. 电磁阀的工作原理

电磁阀是由几个气路和阀芯组成的,由阀芯控制各个气路之间接通或者断开。其作用原理是得电时利用电磁线圈产生的电磁力的作用,推杆推动阀芯移动,实现各个气路的通断,当失电时单电控电磁阀的推杆在弹簧力的作用下回复原位,双电控的保持原位,先导式的按功能而定。

按照工作原理,电磁阀大概分为两类:直动式电磁阀和先导式电磁阀。

1）直动式电磁阀

直动式电磁阀直接利用电磁力推动电磁阀阀芯实现气路之间的通断，如图 4-13 所示。

2）先导式电磁阀

先导式电磁阀则是在电磁力的作用下先打开先导阀，使气体进入电磁阀阀芯气室，利用气压来推动电磁阀阀芯，实现气路之间的通断，如图 4-14 所示。

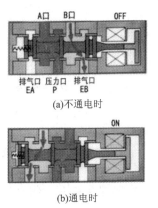

(a)不通电时

(b)通电时

图 4-13　直动式电磁阀的工作原理图

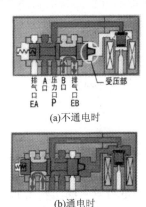

(a)不通电时

(b)通电时

图 4-14　先导式电磁阀的工作原理图

按照电磁线圈的个数电磁阀大概分为两类：单电控和双电控。单电控电磁阀只有一个单线圈，单电控电磁阀一般有二位二通、二位三通等形式。双电控电磁阀有两个线圈，一般包括二位四通、二位五通等形式。

3）单电控电磁阀

二位三通单电控电磁阀对应的结构原理图如图 4-15 所示，它包含 3 个接口，分别是进气口 P、排气口 R 和出气口 A。阀芯在弹簧力的作用下会被复位。其工作原理可以概述为：当电磁线圈通电时，电磁铁推动阀芯向下移动，进气口 P 和出气口 A 接通，而出气口 A 和排气口 R 不接通，阀处于进气状态；当电磁线圈断电时，进气口 P 和出气口 A 断开，而出气口 A 和排气口 R 接通，阀处于排气状态。阀芯靠弹簧力复位。

二位三通单电控电磁阀分为常闭型和常开型两种，常闭型指线圈没通电时气路是断的，常开型指线圈没通电时气路是通的，如图 4-16 所示。

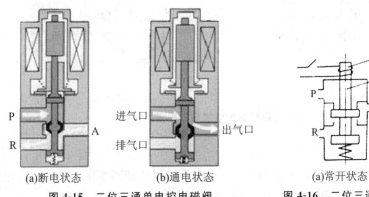

(a)断电状态　　　　(b)通电状态

图 4-15　二位三通单电控电磁阀

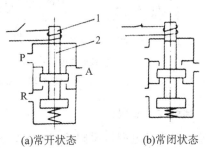

(a)常开状态　　　　(b)常闭状态

图 4-16　二位三通单电控电磁阀的开闭状态

二位三通电磁阀的电气符号图如图 4-17 所示,图中左侧的方框是指得电状态,右侧的方框是指失电状态,左侧小长方形是指电磁线圈,右侧折线是指弹簧,所以靠近弹簧侧的方框是失电状态,靠近线圈侧的方框是得电状态。

二位五通电磁阀的电气符号图如图 4-18 所示,图中左侧的方框是指失电状态,右侧的方框是指得电状态,右侧小长方形是指电磁线圈,左侧折线是指弹簧,所以靠近弹簧侧的方框是失电状态,靠近线圈侧的方框是得电状态。

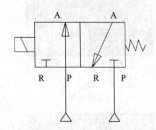

图 4-17　二位三通单电控电磁阀图形符号

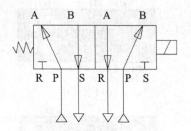

图 4-18　二位五通单电控电磁阀图形符号

二位五通单电控电磁阀实物图如图 4-19 所示,对应的结构原理图如图 4-20 所示。

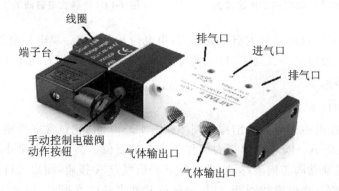

图 4-19　二位五通单电控电磁阀实物图

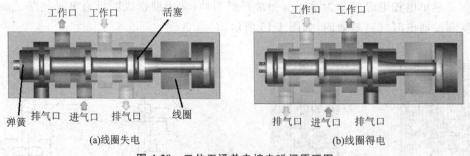

图 4-20　二位五通单电控电磁阀原理图

4）双电控电磁阀

二位五通双电控电磁阀的实物图如图 4-21 所示,对应的结构原理图如图 4-22 所示,它有 5 个接口,分别是进气口（P）、两个出气口（$A_1$、$A_2$）和两个排气口（$R_1$、$R_2$）。

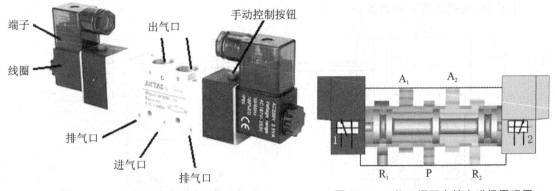

图 4-21　二位五通双电控电磁阀实物图　　　图 4-22　二位五通双电控电磁阀原理图

二位五通双电控电磁阀的工作过程如图 4-23 所示，图形符号如图 4-24 所示。当电磁线圈 1 通电、电磁线圈 2 断电时，阀芯被推到右位，此时进气口 P 和出气口 $A_1$ 接通，出气口 $A_2$ 和排气口 $R_2$ 接通。若电磁线圈 1 断电，阀芯位置不变，即具有记忆功能。

当电磁线圈 2 通电、电磁线圈 1 断电时，阀芯被推到左位，此时进气口 P 和出气口 $A_2$ 接通，出气口 $A_1$ 和排气口 $R_1$ 接通。若电磁线圈 2 断电，阀芯位置不变，空气通路仍保持原位不变。

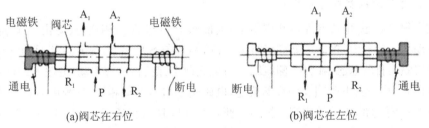

(a)阀芯在右位　　　　　　　　　　(b)阀芯在左位

图 4-23　二位五通双电控电磁阀的工作过程

二位五通双电控电磁阀的电气符号图如图 4-24 所示，图中左侧的方框是指左侧得电后至右侧没有得电之前的状态，右侧的方框是指右侧得电后左侧没有得电之前的状态，左右侧小长方形是指电磁线圈。

双电控电磁阀有记忆功能，得电状态持续几秒后失电，气缸也可以维持之前状态，不用电磁阀长期带电。而单电控电磁阀想维持状态必须一直带电。

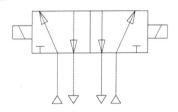

图 4-24　二位五通双电控电磁阀图形符号

### 3. 电磁阀的应用

1）单电控电磁阀控制双作用气缸

初始状态：电磁阀失电，电磁阀 P 口与 A 口相通，气源通过 A 口进入双作用气动活塞驱动部左侧气室，活塞停在右侧，B 口与 S 口相通，与 B 口相通的气动活塞驱动部的右侧气室为排气状态，见图 4-25（a）。

工作状态：电磁阀得电，电磁阀 P 口与 B 口相通，气源由 B 口进入双作用气动活塞驱动部右侧气室，活塞移动到左侧，A 口与 R 口相通，与 R 口相通的气动活塞驱动部的左侧气室为排气状态,见图 4-25(b)。

失电状态:电磁阀恢复初始状态,见图 4-25(a)。

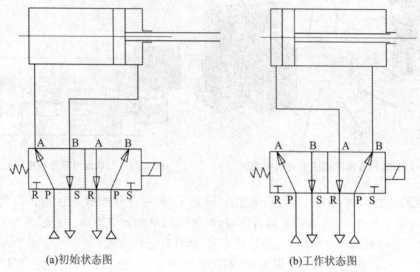

(a)初始状态图　　　　　　　　　　(b)工作状态图

**图 4-25　单电控电磁阀控制双作用气缸电气符号**

2)双电控电磁阀控制双作用气缸

左侧线圈得电状态:电磁阀左侧线圈得电,电磁阀 P 口与 A 口相通,气源由 A 口进入双作用气动活塞驱动部一侧气室,推动活塞到气缸另一侧,B 口与 S 口相通,与 B 口相通的气动活塞驱动部的另一侧气室为排气状态,在另一侧线圈不得电之前会保持该状态不动,见图 4-26(a)。

右侧线圈得电状态:电磁阀右侧线圈得电,电磁阀 P 口与 B 口相通,气源由 B 口进入双作用气动活塞驱动部一侧气室,推动活塞到气缸另一侧,A 口与 R 口相通,与 A 口相通的气动活塞驱动部的另一侧气室为排气状态,在另一侧线圈不得电之前会保持该状态不动,见图 4-26(b)。

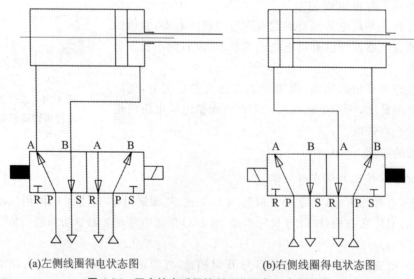

(a)左侧线圈得电状态图　　　　　　(b)右侧线圈得电状态图

**图 4-26　双电控电磁阀控制双作用气缸电气符号**

72

### 4.2.3　气动控制最小系统

**1.气动控制最小系统简介**

气动控制最小系统是结合学校教学特点和企业实际应用需要而设计的简单易学的气动实验设备。本设备结构简单,重点突出气动控制最小系统的组成元件和各元件在本系统中所起到的作用。同时本设备包含非常全面的气动控制元件,展现了一个较为完整的气动控制系统,如图 4-27 所示。

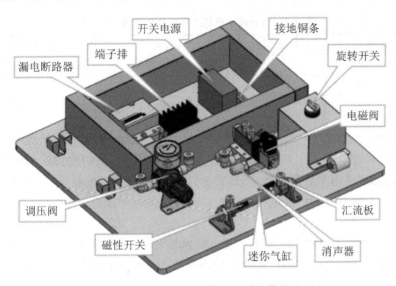

图 4-27　气动最小系统立体图

气动控制最小系统的工作流程是设备通电、通气的过程。将漏电断路器打到 ON 状态,调节调压阀的气压为 0.4～0.6 MPa,此时转动旋钮开关到 ON 状态,迷你气缸伸出,转动旋钮开关到 OFF 状态,迷你气缸缩回。

**2.气动控制最小系统组成**

气动控制最小系统是由底板、机械市购件、电气市购件和气管、线槽、线槽盖、DIN 导轨、端子排、线材等组成。气动最小系统机械市购件清单和电气市购件清单如表 4-1 所示和表 4-2 所示。

表 4-1　气动最小系统机械市购件清单

| 编号 | 名称 | 数量 | 型号规格 | 品牌生产厂家 |
|---|---|---|---|---|
| 1 | 电磁阀 | 1 | 4V110-06-DC24V | 亚德客 |
| 2 | 汇流板 | 1 | 100M-2F | 亚德客 |
| 3 | 堵头 | 3 | ABP-02 | 亚德客 |
| 4 | 消声器 | 2 | BSL02 | 亚德客 |
| 5 | L 形螺纹二通 | 1 | APL8-02 | 亚德客 |
| 6 | 螺纹直通 | 2 | APC6-01 | 亚德客 |
| 7 | 不锈钢迷你气缸 | 1 | MA16-50-S-CA | 亚德客 |
| 8 | 螺纹直通 | 2 | APC6-M5 | 亚德客 |

续表

| 编号 | 名称 | 数量 | 型号规格 | 品牌生产厂家 |
|---|---|---|---|---|
| 9 | 调压阀 | 1 | AR1500 | 亚德客 |
| 10 | L形螺纹二通 | 2 | APL8-01 | 亚德客 |
| 11 | 单向节流阀 | 2 | ASA6 | 亚德客 |
| 12 | 磁性开关 | 2 | DS1-M-020-S-122 | 亚德客 |
| 13 | 盲板 | 1 | 100M-B | 亚德客 |

表 4-2　气动最小系统电气市购件清单

| 编号 | 名称 | 数量 | 型号规格 | 品牌生产厂家 |
|---|---|---|---|---|
| 1 | 漏电断路器 | 1 | DZ47LE-2P-6A | 正泰 |
| 2 | 24V 开关电源 | 1 | NES-15-24 | 明纬 |
| 3 | 旋转开关 | 1 | TN2SS22B-2A | 天得 |
| 4 | 三角插头 | 1 | GNT-10 220V | 公牛 |

漏电断路器:又叫自动空气开关,既有手动开关作用,又能自动进行过载、短路和漏电保护的电器。漏电断路器还可用来分配电能,不频繁地启动异步电机,对电源线路、电动机及人体等实行保护,当电路发生触电、短路、欠电压或严重过载等故障时能自动切断电路。它常用作电路的主开关以保护整个线路。

开关电源:24 V 开关电源将 220 V 的交流电转换成 24 V 的直流电来给电磁阀线圈供电。

迷你气缸:双作用迷你气缸作为气动控制最小系统的动作执行元件,当进气出气方向发生变化时气缸会呈现出推出和收回两种动作状态。

磁性开关:在气缸的活塞上安装磁环(见图 4-28),在缸筒上直接安装磁性开关,磁性开关用来检测气缸行程的位置。因此,不需要在缸筒上安装行程阀或行程开关来检测气缸活塞位置,也不需要在活塞杆上设置挡块。

磁环的工作原理是在气缸活塞上安装永久磁铁,在缸筒外壳上装有舌簧开关。开关内装有舌簧片、保护电路和动作指示灯等,这些元件均用树脂塑封在一个盒子内。当装有永久磁铁的活塞运动到舌簧片附近,磁力线通过舌簧片使其磁化,两个舌簧片被吸引接触,则开关接通。当永久磁铁返回时,磁场减弱,两舌簧片弹开,则开关断开,从而给控制器反馈气缸位置信号,如图 4-29 所示。

图 4-28　磁环实物图

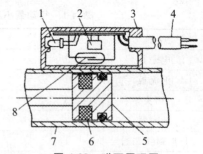

图 4-29　磁环原理图

1—动作指示灯;2—保护电路;3—开关外壳;
4—导线;5—活塞;6—磁环;7—缸筒;8—舌簧开关

调压阀:控制和调节压缩空气压力的元件。在实际应用中常需要根据产品的重量、硬度和需要压力等来调节气源压力的大小。

节流阀：控制和调节压缩空气流量的元件。在气动系统中，气缸运动速度、信号延迟时间、油雾器的滴油量、气缓冲气缸的缓冲能力等，都是靠节流阀来控制的。

### 3. 接线图及气路图

气动最小系统的主电路接线图如图 4-30 所示，气动最小系统的控制电路接线图如图 4-31 所示，电路图中元器件缩写对应器件名称分别为：QF 漏电断路器，PS 开关电源，CS 旋转开关，SV 电磁阀，RS 磁性开关，L 代表 AC220 V，N 代表零线，PE 代表接地，P24 代表 24 V，N24 代表 0 V，1.5 mm² 代表使用的电线线芯截面积为 1.5 mm²。

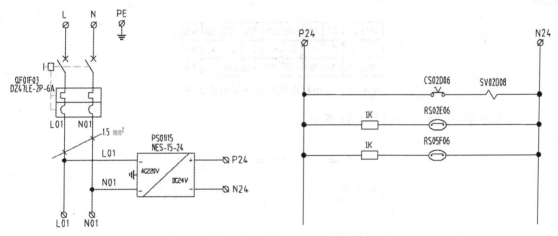

图 4-30　气动最小系统的主电路接线图　　　图 4-31　气动最小系统的控制电路接线图

气动最小系统的电控盘排布图如图 4-32 所示，电控盘排布图中，A 代表导轨，B 代表线槽。其他元器件详见表 4-3。

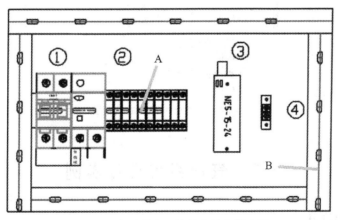

图 4-32　气动最小系统的电控盘排布图

表 4-3　气动最小系统的电控盘排布图对应清单

| 编号 | 名称 | 数量 | 型号规格 | 品牌生产厂家 |
| --- | --- | --- | --- | --- |
| 1 | 漏电断路器 | 1 | DZ47LE-2P-6A | 正泰 |

续表

| 编号 | 名称 | 数量 | 型号规格 | 品牌生产厂家 |
|---|---|---|---|---|
| 2 | 单层端子台 | 10 | TBR-10 | 天得 |
| 3 | 24 V 开关电源 | 1 | NES-15-24 | 明纬 |
| 4 | 接地铜条 | 1 | 10×10×40 | 天得 |

电控盘排布图中的端子台具体定义如图 4-33 所示,1、2 作为 L01 使用,3、4 作为 N01 使用,5 备用,6、7 作为 P24 使用,8、9 作为 N24 使用,10 备用。相互连接的端子使用短接片进行短路。

| L01 | L01 | N01 | N01 | 备用 | P24 | P24 | N24 | N24 | 备用 |
|---|---|---|---|---|---|---|---|---|---|
| 1 | 2 | 3 | 4 | 5 | 6 | 7 | 8 | 9 | 10 |
| L01 | L01 | N01 | N01 | 备用 | P24 | P24 | N24 | N24 | 备用 |

图 4-33　气动最小系统的端子台定义图

气动最小系统的气路图如图 4-34 所示。

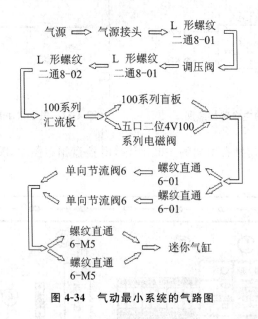

图 4-34　气动最小系统的气路图

# 4.3　气动系统设计实例

## 4.3.1　问题描述

在压合机未研发生产前,众多需要压合工序的作业都只能人工或者利用一些机械进行手动压合,从而无法保证压合产品的质量和吻合度,且制造速度缓慢,生产成本高。人工压合容易导致工人疲劳,操作不当时还会损坏产品,从而造成不必要的损失。由此压合机顺势而生,压合机操作简单,降低了人力成本和生产成本,同时还提高了效率。

目前压合机广泛运用于各大领域,例如手机的组装、汽车外壳的制造等,多应用于产品边缘的压合作业。

压合机具有如下特点。

(1)成形压合速度快,成形质量稳定。

(2)成形产品无须晾放,不会造成场地浪费。

(3)结构简易,操作方便,一般工人可快速上手并从事生产。

(4)节省人工,速度快捷,是一般手动压合成形速度的数倍。

(5)本机可解决手工制作中存在的气泡和起皱等问题。

## 4.3.2　需求分析与选型

**1. 需求分析**

智能手机早已成为人们日常生活不可或缺的工具,在智能手机的生产、装配阶段,压合机也得到了广泛的应用。

下面将以一实例展示气动技术的应用。

某品牌某型号手机,需要将手机屏幕与中框进行贴合。设备的设计要求如下:

(1)设备外形尺寸为 440 mm×300 mm×410 mm,要求压合机对产品加工完整;

(2)保压气缸应垂直安装,无杆气缸应水平安装;

(3)点胶机需配合已有的流水线使用,避免桌面型的设计;

(4)设备运行时要求平稳,且需避免出现噪声以免干扰作业人员;

(5)设备设计时需考虑成本因素,做到元件的合理选型。

**2. 选型**

根据上述需求分析,压合机的主要机构大致可设计为两大部分,分别由保压气缸和无杆气缸构成。人工将产品放入载具中,然后启动按钮,无杆气缸将载具带到工作位,保压气缸工作,对产品进行保压。

1)运动执行元件选型

运动执行元件的不同,直接关系到设备的定位精度和运行的稳定性。

无杆气缸建议采用 RMS 系列磁耦合无杆气缸,理由如下:

①活塞与滑块之间无机械连接,密封性能优异;

②活塞的动作通过磁耦合力传送到外部滑块,无须活塞杆,安装空间比普通气缸少,最大行程比普通气缸大;

③活塞腔与滑块隔开,防止灰尘与污物进入系统,延长气缸的使用寿命;

④气缸两端带有可调缓动及固定缓动装置,换向动作平稳,同时避免机械损伤;

⑤RMS 磁耦合无杆气缸的标准最小缸径为 16 mm,最大负载为 2.8 kg,符合加工产品的要求,选择更大的缸径则浪费。

⑥气缸的标准行程最小为 50 mm,根据设备的大小来确定,行程过大则产品加工时到达不了规定的加工点,反之也是。

保压气缸建议采用 JSI 系列标准气缸,理由如下:

①JSI 标准气缸为铝管米字型,无拉杆,防腐性能好;

77

②与 ISO15552 标准气缸相比,同缸径 JSI 系列气缸的长度小,方便使用;

③工作温度在－20～80 ℃;

④活塞采用异形双向密封结构,尺寸紧凑,有储油功能;

⑤JSI 标准气缸的标准最小缸径为 32 mm,这个标准符合本设备尺寸,过大则会导致气缸工作时压强过大而压坏气缸;

⑥气缸行程 25mm 是它的标准最小行程,行程过大则会导致工作时压坏产品,行程过小则无法压合产品。

2)PLC 的选择

三菱 PLC 的优势在于离散控制和运动控制,指令丰富,有专用的定位指令,易于实现对伺服和步进的控制,要实现某些复杂的动作控制也是三菱 PLC 的强项;而西门子 PLC 在这块就较弱,没有专用的指令,做伺服或步进定位控制时,程序复杂,控制精度不高。过程控制与通信控制是西门子 PLC 的强项,西门子 PLC 的模拟量模块价格便宜,程序简单,而三菱 PLC 的模拟量模块价格昂贵,程序复杂,西门子做通信也容易,程序简单,三菱 PLC 在这块功能较弱。目前所设计的点胶机主要涉及运动控制,而三菱 PLC 不但在运动控制方面有独特优势,而且在成本上比西门子 PLC 更有优势。

三菱可编程控制器 FX3U 系列是继 FX2N 系列的升级版,其不但继承了 FX2N 的强大功能,在运算处理速度、程序容量、指令数量方面都做了明显的改进,基本指令为 0.065 $\mu$s/步,是 FX2N 的 3 倍。所以,该系统选用三菱 FX3U 系列 PLC。

### 4.3.3 硬件设计

压合机的硬件设计主要包含设备结构设计和工作气缸与 PLC 的连接两个方面。

#### 1.设备结构设计

该点胶机设备结构如图 4-35 所示,执行元件主要由两个部分组成,分别为垂直方向的保压气缸和水平方向的无杆气缸。控制元件为 FX 系列的 PLC,执行元件为气缸。

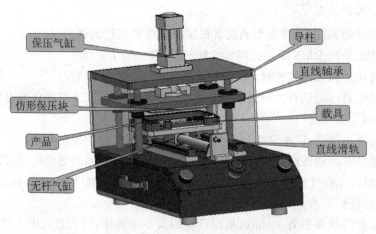

图 4-35　压合机的设备结构图

#### 2. 工作气缸与 PLC 的连接

电磁阀利用电磁线圈通断电来实现阀芯的切换,当电磁线圈通电时静铁芯对动铁芯产生电磁吸力达到改变气流方向的目的。PLC 控制气动电磁阀的得失电进而间接地控制气缸的运动。图 4-36 为气动电路图,图 4-37 为 PLC 和电磁阀接线图。

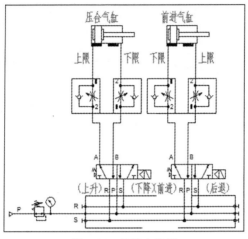

图 4-36　气动电路图

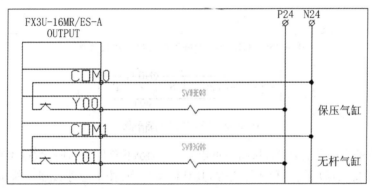

图 4-37　PLC 和电磁阀接线图

### 4.3.4　软件设计

该压合机设备采用 FX 系列 PLC 为编程控制器,程序编写中主要运用了译码指令(DECO)和加 1 指令(INC)。自动控制程序围绕着自动解码来对各个自动动作进行条件控制,INC 给寄存器加 1,程序执行下一段,再加 1,再解码下一段,依次类推,直到给寄存器清零,程序才会回到解码程序段中的起始步。

自动运行的具体动作为:同时按下左启动按钮和右启动按钮—无杆气缸前进—无杆气缸到位计时—保压气缸下降—保压计时—保压气缸上升—无杆气缸后退—流程结束,如图 4-38 所示。

译码指令(DECO)将源操作数 S 的 $n$ 位二进制数进行译码,其结果用目的操作数 D 的第 $2^n$ 个元件置 1 来表示,指令格式如图 4-39 所示。程序主要结合运用了译码和加 1 指令。例如,M101 行想执行,则 M100 行中的条件全部满足 D10 加 1 方可;同理,M102 行想执行,M101 行中条件必须满足且 D10 再加 1 方可。每触发 INC 指令加 1 到 D10 中,译码中的程序也随着往下一行执行。也就是说,D10 等于 1 时,译码在第一行,D10 等于 2 时,译码则在第二行,而 INC 加 1 的前提是一行的条件全部导通。

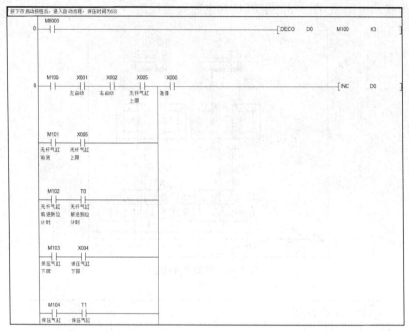

图 4-38　保压气缸、无杆气缸的自动运行程序

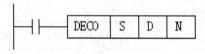

图 4-39　DECO 指令梯形图

　　图 4-40 为急停和复位程序图,从图中可以看出,当按下急停按钮时,数据寄存器 D0 被设置为初始状态,同时复位保压气缸和无杆气缸,其具体动作为:按下急停按钮—保压气缸上升—无杆气缸后退。

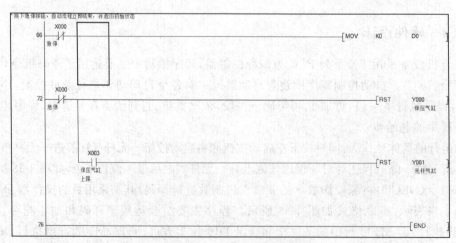

图 4-40　急停和复位程序

### 4.3.5　安装与调试

(1)在未上电之前,检查各个螺钉、部件是否锁紧;检查线路是否存在脱落及未接牢固的现象;使用万用表检查所有电路是否连接正确。

(2)螺钉、线路确认无误后,设备上电,先打开总开关后打开分支开关,断电先关上分支开关后关上总开关。

(3)上电后可利用调试计算机或 PLC 查看设备上的 I/O 信号定义是否对应所规划的定义,避免 I/O 信号混乱。

(4)信号确认无误后,利用调试计算机单独驱动各个输出,检查输出信号是否正常,气缸、电磁阀是否动作正常,运动是否存在异常。

(5)各个输出单独动作检查完成后,利用调试计算机控制 PLC 单步程序运行,检查各步程序是否存在不合理之处。

(6)分别检查程序中气缸的手动控制、回原点控制是否正常。

(7)单步运行正常后,将整段程序连续运行,检查各步骤是否配合合理。

(8)段落程序运行正常后,将整个设备程序连续运行 4 小时,检查各段落程序是否编写合理。

(9)整个设备运行正常后,将正式的产品放入设备,将设备运行速度缓慢提高,正常速度运行 8 小时;等待品检或其他工程师检查。

(10)调试程序时程序的备份处理。

①把原有程序另存,在另存的程序上做修改。文件命名为一个主要的程序名称,标注第几次修改,并加上修改的日期,最好是在文件名外加上简要的修改标题。

②用.doc 文件记录修改的年月日。

③在日期下面记录修改程序的步骤,如增加或是删除了哪些指令等。并在程序的编辑条注释中做记录,以备下次修改。

④在.doc 文件中详细记录修改程序的原因,所出现的故障现象是什么,故障是如何排除的。

⑤在.doc 文件中标注修改后所现用的程序全名,包括日期与简要的修改标题。

⑥把过时与现用的程序用过时文件夹与现用文件夹分开整理,按日期排列。

这样每次所做的修改就有了详细的档案,便于以后的程序修改。现用的程序是标有最近日期的程序。

### 4.3.6　应用分析

**1.使用气缸的注意事项**

(1)气缸负载大小由理论保持力(理论输出力)决定,为确保气缸的正常使用,负载大小不可超过规定的气缸理论保持力(理论输出力)。

(2)气缸在工作过程中应尽可能避免受侧向载荷,以维持气缸的正常工作,保证气缸使用寿命。

(3)气缸使用介质应经过 40 $\mu$m 以上滤芯过滤后方可使用。

(4)气缸在使用前应经空载试运转,运转前将缓冲调至最小,逐步放松,以免产生过大动力而损伤气缸。

**2.气缸常见问题**

1)气缸的安装形式

①固定式气缸安装在机体上固定不动,有耳座式、凸缘式和法兰式。

②轴销式气缸的缸体围绕一固定轴可做一定角度的摆动。

③回转式气缸的缸体固定在机床主轴上,可随机床主轴做高速旋转运动。这种气缸常用在机床的气动卡盘中,以实现工件的自动装卡。

④嵌入式气缸安装在夹具本体内。

2)气缸的工作特性

气缸的工作特性是指气缸的输出力、气缸内压力的变化以及气缸的运动速度等静态和动态特性。

3)气缸的工作环境温度

气缸工作环境的温度一般在－20～80 ℃。在低温环境下,应采取抗冻措施,防止系统中的水分冻结。

# 4.4 设备操作规程及故障处理

## 4.4.1 设备操作规程

### 1. 运行准备

1)安全检查

设备运行前,应对设备进行安全检查,主要包括:

(1)确认设备外观无明显损伤。

(2)确认设备脚轮保持锁定状态。

(3)确认电机、气缸安装正确。

(4)确认气缸运动无干涉。

(5)确认设备内无异物。

(6)确认气路无漏气现象。

(7)确认设备主电缆无明显损伤、无裸露芯丝、插头无松动。

如有异常情况,应及时处理,排除障碍后再启动检测,否则极易对设备或其部件造成不可逆的损伤。

2)其他准备事项

启动检测前,除安全检查外,还应做好如下准备工作:

(1)确认气缸运动范围内无干涉。

(2)确认吸盘无磨损。

(3)关闭所有安全门。

(4)连接设备主电源线,通气。

(5)关闭电气控制柜。

(6)松开急停按钮。

### 2. 操作流程

1)手动操作步骤

确认设备准备就绪后("安全检查"和"其他准备事项"均执行完),程序主界面下方的系统状态提示框中将显示"程序暂停中",同时设备顶部的三色灯亮黄灯。

在触摸屏上选择"手动调试",即可进入手动调试界面,从而可以根据实际的情况来调试气缸运动部分、设备 I/O 控制部分。

2)自动流程

运行软件后,系统自动回零,如无异常情况,设备将依次初始化各运动部件;回零完成后,设备将进入自动流程,当按下启动按钮,设备将开始相关的流程组装。

3)作业完毕后操作步骤

(1)单击程序主界面菜单栏"停止",停止程序。

(2)切断电源和气路。在切断电源和气路前,务必确认设备的所有部件均已暂停运行。

(3)清理所有设备中的产品,清理残留在设备中的产品附属物。注意清理前务必断电。

(4)清除设备上的其他脏污。注意清理前务必断电。清除完毕后,务必拭去水渍,使设备的所有部件均保持干燥,否则有触电危险。

(5)关闭电气控制柜并锁定。

**3. 按钮操作规范及指示灯含义**

操作面板上主要有"启动""复位""暂停""急停"和"停止"五个按钮,部分按钮简要介绍如下:

"启动"按钮:设备开始测试。

"复位"按钮:回归初始点。报警后,若故障已确认排除,系统将自动解除报警(默认)或等待操作人员按复位按钮解除报警,并重新初始化。

"急停"按钮:设备立即停止运动。如遇危险,请按急停按钮。

系统指示灯为三色灯,有绿灯亮、黄灯亮、绿灯闪烁和红灯亮且蜂鸣器响四种功能,具体含义如下:

绿灯亮:系统正常运转。

黄灯亮:等待,表示系统准备就绪,可以按"启动"按钮开始自动运行了。

绿灯闪烁:系统正在自动运行过程中。

红灯亮且蜂鸣器响:系统报警,此时应参照主界面的系统状态提示框中显示的内容,排除故障。

## 4.4.2　设备故障处理

在设备启动或运行的过程中时常会出现一些报警提示信息。该报警信息通过三色灯和蜂鸣器的方式给操作人员以初步的故障或问题提示,以便工作人员处理。

简单的设备报警信息及处理办法:

(1)当设备报警时首先应查看设备周围是否有因人员操作不当而产生的事故,如果有,应当及时按下急停按钮,并及时解决,避免更严重的事故发生。

(2)当设备发出报警信息后应及时观察屏幕界面,按照提示信息定位故障位置,并及时处理。

A.门禁开关报警:当报警信息提示为"门禁异常"时,先检查是否有门未关闭,如果所有门都处于关闭状态仍显示"门禁异常",则需要进一步检查"I/O界面"查看门禁信息,检查门禁开关是否异常。

B. 气源报警:检查吸盘是否准确吸取物料,是否存在空吸情况。

C. 补充物料报警:检查物料盘上是否物料充足或是否有物料放反情况发生。

D. 气缸延时报警:气缸在行动过程中未到达指定位置。

(3)常见物料剩余的处理方法。

A. 夹爪夹料处理:一个人手扶住产品,另一个人操作触摸屏的手动调试界面,按宽型夹爪打开按钮,取下产品以免摔坏。

B. 上料仓物料处理:将上料仓剩余的载盘按正确的位置放好,或者取出所有载盘,注意此时剩余载盘高度不可超过上料仓顶部并且数量不可超过 5 块。

(4)常见运动干涉的处理方法。

流水线物料堆积:本站对应的传送站上若有物料堆积,需要将物料全部拿出,以免 Y 轴无杆气缸运动发生碰撞。

当设备出现以上的报警信息,可通过报警信息检查错误根源,解决问题并清除报警信息,继续启动设备。

# 第5章 智慧型步进控制单元

🔵 **知识目标**

(1)了解步进电机系统的基本规范。

(2)了解步进电机的工作原理和组成。

(3)了解步进控制单元的操作方法和设计流程。

🔷 **能力目标**

(1)能够理解步进系统的组成及各部分的作用。

(2)能够理解步进系统的工作流程和开发路径。

▶▶▶ **基本规范**

(1)操作人员须依照设备说明书的各项指引与注意事项进行操作。

(2)启动电机时应特别观察是否另有人员正在进行保养、清洁、调整等操作。

(3)禁止在电机运转中尝试进行保养、清洁、调整等操作。

(4)进行保养、清洁、调整操作时,应于操作机台边悬挂警示牌。

(5)禁止穿着松垮或有飘带的衣物上岗操作。

(6)禁止穿戴项链、手镯、手表等可能滑出、垂下之物品上岗操作。

(7)操作前确认操作区域内所有杂物均已清除,保持操作地面干燥无油污。

(8)开启设备前检查周边防护设施是否准备到位。

(9)移动设备或部件时,移动部分不可有松脱物体,配管、配线等束紧固定。

(10)在调试和维护设备时,至少需要两人协同作业。

(11)操作人员如有长发,需将长发扎起,防止卷入高速旋转的设备中。

## 5.1 工作流程

智慧型步进控制单元完成3个物料块的取料(仅第一次取4个物料块),3个物料块的传送和放料(最后1个物料块当轮期间不传送)。该单元的具体操作流程如图5-1所示。

智慧型步进控制单元的系统流程分为操作流程、复位流程、运输流程三部分。操作流程,主要是系统启动准备的过程。复位流程,通过面板上复位按钮进行控制,三个轴向的步进电机和装载物料的移载

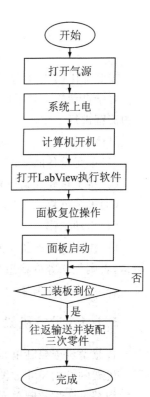

图 5-1 智慧型步进控制单元的操作流程

85

轴步进电机各自回到原点,如图5-2所示。运输流程,步进单元与流水线相互配合,将3个物料块运送到流水线,并在载具上完成组装,如图5-3所示。

图 5-2　智慧型步进控制单元的复位流程

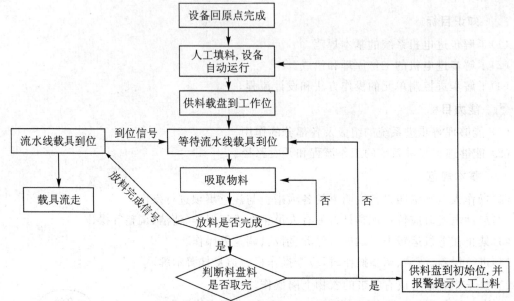

图 5-3　智慧型步进控制单元的运输流程

按照工作模式,智慧型步进控制单元的工作流程可以分为两种:自动模式和手动模式。

对于自动模式和手动模式,如果操作员要完成物料的正确取放和装配,都需要按照图5-3中的流程进行工作。

具体流程如下:

(1)单元设备回零;

(2)将工作模式切换到正确的挡位;

(3)人工填料,做好装配的准备工作;

(4)启动工作;

(5)流水线需要给工站发送一个"请求加工"的信号,收到该信号后,工站才开始进行物料的搬运,否则处于等待状态;

(6)所有的物料装配完成后,工站发送"加工完成"的回馈信号到流水线,转到下一环节。

### 5.1.1　设备机架

智慧型步进控制单元的设备机架为整个步进控制单元提供结构支撑,设备机架如图5-4所示。机架的结构尺寸如图5-5所示。

智慧型步进控制单元设备的系统参数如下:

(1)设备外形尺寸:1200 mm×1000 mm×2000 mm。

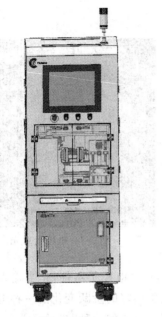
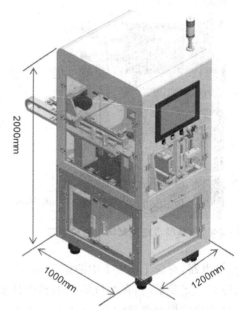

图 5-4　智慧型步进控制单元的设备机架　　　　图 5-5　设备机架的结构尺寸

（2）电源电压：AC220 V，电源功率大于 1 kW。

（3）气源：0.4～0.6 MPa。

（4）结构：亚克力透明门板，能全方位观看装置内部运行状态；机架采用 40 mm×40 mm 方钢焊接，钣金护罩采用平板光亮白色烤漆，底部支撑使用 4 个可 360°旋转脚轮，方便机器移动，自由组合；机架大板采用 6061-T6 制作，支撑整个结构系统。

（5）工作温度：室温。

（6）工作湿度：30%～85%（无冷凝）。

## 5.1.2　电控盘单元

智慧型步进控制单元的设备实物如图 5-6 所示。电控盘单元位于设备的下方，局部放大图如图 5-7 所示。

电控盘单元的主要功能是实现智慧型步进控制单元的供电、开关控制、电机的程序控制、端子连接等。

如图 5-7 所示，电控盘单元主要包括以下几个组成部分：

（1）断路器，对应于图 5-7 中的第①部分。断路器的功能是实现智慧型步进控制单元电源的开关控制，同时起过载保护作用。

（2）漏电断路器，对应于图 5-7 中的第②部分。漏电断路器的功能是实现智慧型步进控制单元整个系统的开关控制，同时起漏电保护和过载保护作用。

有效的防漏电措施是在每个电路回路中安装漏电保护断路器。一旦回路中发生漏电、过载、短路等事故，漏电保护断路器会立即跳闸，断开电路，保护人员、线路以及电器的安全。

（3）端子排，对应于图 5-7 中的第③部分。端子排的作用就是将不同设备的线路相连接，起到信号（电流电压）传输的作用。端子排使得接线美观，维护方便，远距离导线之间的连接十分牢靠,方便施工和维护。

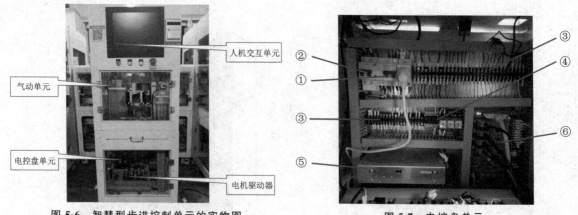

图 5-6　智慧型步进控制单元的实物图　　　　　图 5-7　电控盘单元

(4)继电器,对应于图 5-7 中的第④部分。继电器是一种电控制器件,是当输入量(激励量)的变化达到规定要求时,在电气输出电路中使被控量发生预定的阶跃变化的一种电器。它通常应用于自动化的控制电路中,实际上是用小电流去控制大电流的一种"自动开关"。故继电器在电路中起着自动调节、安全保护、转换电路等作用。继电器在该工站中主要用于流水线与工站之间的通信。

(5)开关电源,对应于图 5-7 中的第⑤部分,为系统提供 48 V 直流电源。开关模式电源,又称交换式电源、开关变换器,是一种高频化电能转换装置,是电源供应器的一种。其功能是将一个基准电压,通过不同形式的架构转换为用户端所需求的电压或电流。电源的输入多半是交流电源(例如市电),而输出端连接的多半是需要直流电源的设备,例如计算机,开关电源就需要在两者之间进行电压及电流的转换。

开关电源不同于线性电源,开关电源利用的切换晶体管多半是在全开模式(饱和区)及全闭模式(截止区)之间切换,这两个模式都有低耗散的特点,切换过程中会有较高的耗散,但时间很短,因此比较节省能源,产生废热较少。理想状态下,开关电源本身是不会消耗电能的。电压稳压是通过调整晶体管导通及断路的时间来达到的。相反,线性电源在产生输出电压的过程中,晶体管工作在放大区,本身也会消耗电能。开关电源的高转换效率是其一大优点,而且因为开关电源工作频率高,可以使用小尺寸、轻重量的变压器,所以开关电源也会比线性电源的尺寸小,重量也会比较轻。

若电源的高效率、体积及重量是考虑重点,则开关电源比线性电源要好。不过开关电源比较复杂,内部晶体管会频繁切换,可能产生噪声及电磁干扰进而影响其他设备,而且若开关电源没有特别设计,其电源功率因数可能不高。

(6)运动控制卡,对应于图 5-7 中的第⑥部分,主要功能是实现电机驱动器对电机的控制,并将监测到的 I/O 信息上传给上位机,以在显示器上进行状态显示。运动控制卡是基于 PC 总线,利用高性能微处理器(如 DSP)及大规模可编程器件实现多个伺服电机的多轴协调控制的一种高性能的伺服/伺服电机运动控制卡,包括脉冲输出、脉冲计数、数字输入、数字输出、D/A 输出等功能,它可以发出连续的、高频率的脉冲串,通过改变发出脉冲的频率来控制电机的速度,通过改变发出脉冲的数量来控制电机的位置。

### 5.1.3　电机及其驱动单元

电机及其驱动单元是智慧型步进控制单元的核心,也是本站着重学习和实践的部件。智慧型步进控制单元使用的电机都为步进电机,根据步进电机的作用位置,可以将其分为 X 轴步进电机、Y 轴步进电机、Z 轴步进电机、移载轴步进电机。4 个步进电机组成一个运动系统,完成模块组装的一系列工作。

步进电机也叫步进器,它利用电磁学的原理,将电脉冲转化为角位移。智慧型步进控制单元使用的步进电机主要源自三个厂家,包括创伟、雷赛和汉德宝。本生产线的控制单元中用到的典型电机如图 5-8～图 5-11 所示。

图 5-8　创伟步进电机 57BHH 系列　　图 5-9　创伟步进电机 86BHH 系列

图 5-10　雷赛步进电机 57HS 系列　　图 5-11　雷赛步进电机 42HS 系列

智慧型步进控制单元用到的步进电机主要参数如表 5-1 所示。

表 5-1　步进电机的参数表

| 品牌 | 型号 | 参数 |
| --- | --- | --- |
| 雷赛 | 42HS03 | 电机额定电流:3 A |
| | | 定位转矩:0.2 kg·cm |
| | | 步距角:1.8° |
| | | 步距精度:±0.5%(整步、空载) |
| | | 温升:80 ℃ |
| | | 环境温度:−20～50 ℃ |
| | 57HS22-A | 电机额定电流:3.2 A |
| | | 定位转矩:0.8 kg·cm |
| | | 步距角:1.8° |
| | | 步距精度:±0.5%(整步、空载) |
| | | 温升:80 ℃ |
| | | 环境温度:−10～50 ℃ |

| 品牌 | 型号 | 参数 |
|------|------|------|
| 创伟 | 57BHH76-300D-21BB | 电机额定电流:3.8 A |
| | | 最大静转矩:3.6 kg·cm |
| | | 步距角:1.8° |
| | | 步距精度:±0.5%(整步、空载) |
| | | 温升:80 ℃ |
| | | 环境温度:−20~50 ℃ |
| | 86BHH97-500B-30 | 电机额定电流:4 A |
| | | 最大静转矩:11.8 kg·cm |
| | | 步距角:1.8° |
| | | 步距精度:±0.5%(整步、空载) |
| | | 温升:80 ℃ |
| | | 环境温度:−20~50 ℃ |
| 汉德宝 | 2304HS30D8 | 电机额定电流:3 A |
| | | 定位转矩:0.32 kg·cm |
| | | 步距角:1.8° |
| | | 步距精度:±0.5%(整步、空载) |
| | | 温升:80 ℃ |
| | | 环境温度:−20~50 ℃ |
| | 3403HS60U14 | 电机额定电流:3.4 A |
| | | 定位转矩:0.90 N·m |
| | | 步距角:1.8° |
| | | 步距精度:±0.5%(整步、空载) |
| | | 温升:80 ℃ |
| | | 环境温度:−20~50 ℃ |

步进电机驱动器是一种将电脉冲转化为角位移的执行机构。当步进电机驱动器接收到一个脉冲信号时,它就驱动步进电机按设定的方向转动一个固定的角度(称为"步距角"),它的旋转是以固定的角度一步一步运行的。可以通过控制脉冲个数来控制角位移量,从而达到准确定位的目的;同时可以通过控制脉冲频率来控制电机转动的速度和加速度,从而达到调速的目的。

智慧型步进控制单元用到的步进电机驱动器主要参数如表 5-2 所示。

表 5-2 步进电机驱动器的参数表

| 品牌 | 型号 | 参数 |
|------|------|------|
| 雷赛 | DM422 | 峰值电流:5.2 A |
| | | 电压:DC(18~48)V |
| | | 适配电机:42、57 系列 |
| | | 控制信号:单端、差分 |

续表

| 品牌 | 型号 | 参数 |
|---|---|---|
| 雷赛 | DM542 | 峰值电流:6 A |
| | | 电压:DC(24～60)V |
| | | 适配电机:57、86 系列 |
| | | 控制信号:差分 |
| 创伟 | CWD556 | 峰值电流:6.0 A |
| | | 电压:DC(20～56)V |
| | | 适配电机:57BHH 二相系列 |
| | | 控制信号:差分 |
| | CWD860H | 峰值电流:8.0 A |
| | | 电压:DC(24～80)V |
| | | 适配电机:86BHH 系列 |
| | | 控制信号:差分 |
| 汉德宝 | ASD545R | 峰值电流:2.2 A 以下 |
| | | 电压:DC(18～36)V |
| | | 适配电机:外径 42 的各种型号的两相混合式步进电机 |
| | | 控制信号:共阳极信号输入 |
| | ASD880R | 峰值电流:4.0 A 以下 |
| | | 电压:DC(15～40)V |
| | | 适配电机:外径 42～86 的各种型号的两相混合式步进电机 |
| | | 控制信号:差分 |

## 5.1.4　气动单元

　　智慧型步进控制单元的设计宗旨是,实现功能时,首选步进电机的方式。因此,只有少量无法用步进电机来实现的功能,才通过其他方式实现,比如取料、放料等操作需要通过气动单元来实现。

　　智慧型步进控制单元的气动单元包括真空发生器、负压表以及真空吸盘。

　　真空发生器,如图 5-12 所示,就是利用正压气源产生负压的一种新型、高效、清洁、经济、小型的真空元器件,这使得在有压缩空气的地方,或在一个气动系统中获得负压十分容易和方便。真空发生器广泛应用在工业自动化中机械、电子、包装、印刷、塑料及机器人等领域。真空发生器的传统用途是与吸盘配合,进行各种物料的吸附、搬运,尤其适合于吸附易碎、柔软、薄的非金属物体。

　　负压表,又称作真空表,是以大气压力为基准,用于测量压力(通

**图 5-12　真空发生器**

常小于大气压力)的仪表,如图 5-13 所示。

真空吸盘(图 5-14)用于物料取放,当吸盘内无气体时,吸住物料,反之,松开物料。

图 5-13　负压表　　　　　　　　　　　　　图 5-14　真空吸盘

### 5.1.5　人机交互单元

智慧型步进控制单元的人机交互包括三种方式:软件操作界面、指示灯、面板按钮。

软件操作界面通过 LabView 软件开发,在工控机显示器上呈现。通过软件操作界面,可以进行复位、自动/手动模式切换、点位示教、单轴回零、单方向移动、单步启动操作控制等,如图 5-15 所示。另外,可以通过 I/O 口读取监测到的单元信息,并在软件中进行显示。

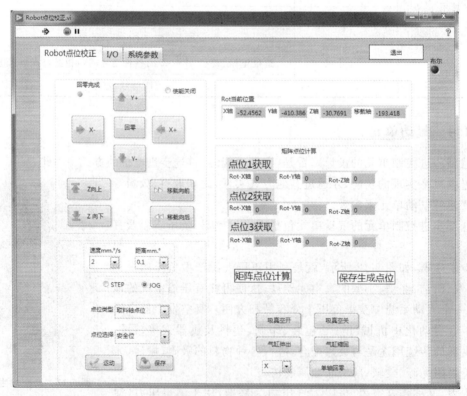

图 5-15　软件操作界面

指示灯只有一个,但颜色可以有三种变化,分别为红灯、黄灯和绿灯,其中红灯表示系统异常,通常配合告警蜂鸣器使用。黄灯代表开机等待进入自动模式。绿灯代表系统已经可以正常工作,通常此时已经进入自动工作模式。

面板按钮有四个,分别是复位按钮、启动按钮、模式旋钮和紧急制动按钮。复位按钮用于对整个步进系统进行复位,包括软件中实现的归零功能。启动按钮用于复位完成后的系统启动,主要在自动模式下使用。模式旋钮用于选择工作模式,包括手动模式和自动模式。在系统工作出现异常,或者操作者发现系统可能发生危险时,可以按下紧急制动按钮,让系统立即停止工作。紧急制动后,需要及时使旋钮回到待制动的状态。

# 5.2　步 进 电 机

步进电机作为一种控制用的特种电机,利用其没有积累误差(精度为 100%)的特点,广泛应用于各种开环控制。随着微电子技术和计算机技术的发展,步进电机的使用需求与日俱增,步进电机的原理及技术,已经成为自动化等专业学生必须学习和掌握的知识。

先进智能制造工程中心生产线配备的智慧型步进控制单元,综合选用了 4 种不同类型的步进电机,除了实现生产线所需要的基本功能外,还最大限度地展示步进电机的使用技术。智慧型步进控制单元的主要功能是,通过 4 种不同步进电机的组合控制,完成物料块的搬运,配合完成模拟机器人的装配。

## 5.2.1　步进电机的工作原理

步进电机主要由定子和转子两大部分组成,如图 5-16(a)所示。定子由硅钢片叠成,装上一定相数的控制绕组,由环形分配器送来的电脉冲对多相丁字绕组轮流进行励磁,转子由硅钢片叠成或用软磁性材料做成凸极结构,还包含前端盖、轴承、轴、转子铁芯、磁钢、塑料骨架、定子铁芯、波纹垫圈和后端盖等组成,如图 5-16(b)所示。

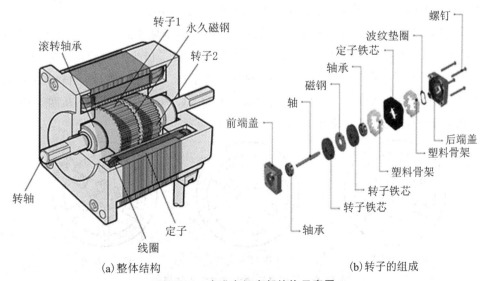

(a)整体结构　　　　　　　　　　　　(b)转子的组成

**图 5-16　步进电机内部结构示意图**

三相反应式步进电机的工作过程如图 5-17 所示,它的定子上有 6 个磁极,每个磁极上都装有控制绕组,相对的绕组组成一对(A 和 A′,B 和 B′,C 和 C′),这样一共组成 3 对,转子上有 4 个均匀分布的齿。在图 5-17(a)中,当 A 相通电时,A 方向的磁通经转子形成闭合回路,若转子方向和磁通轴线方向存在一定角度,则在磁场的作用下,转子被磁化,吸引转子向使通电相磁路磁阻最小的方向转动,当转子的齿与定子的磁极对齐时转子停止转动,此时定子磁极 A 和 A′对应转子齿的 1、3 极。当 A 相断电、B 相通电时,如图 5-17(b),按照通电相磁路磁阻最小原则,此时定子磁极 B 和 B′对应转子齿的 2、4 极,转子将顺时针旋转 30°。当 B 相断电、C 相通电时,如图 5-17(c),此时定子磁极 C 和 C′对应转子齿的 1、3 极,转子将继续顺时针旋转 30°。当 C 相断电、A 相通电时,此时定子磁极 A 和 A′对应转子齿的 2、4 极,转子将继续顺时针旋转 30°,如此循环下去,按照 A—B—C—A 顺序通电,电动机按照一定方向运转。如果按照 A—C—B—A 顺序通电,则电动机向着反方向运行。

(a)A相通电　　(b)B相通电　　(c)C相通电

图 5-17　三相单三拍步进电机工作原理

三相反应式步进电机的工作方式,除了三相单三拍外,还有三相双三拍和三相单双六拍两种运行方式。其中"三相"是指步进电机连接电源的相数,"单"指每次只给一相绕组通电;"双"则是每次同时给二相绕组通电;"三拍"指通电三次完成一个循环。

在三相单三拍通电运行方式下,当通电顺序切换时,一相控制绕组断电后而另一相控制绕组才开始通电,这种情况下会出现失步现象。同时单一绕组通电,很容易使得转子在平衡位置附近产生振荡,因此,单三拍通电运行方式的稳定性差,很少使用。

三相双三拍通电运行方式是同时给两相绕组通电,能够避免上述问题,如图 5-18 所示,此时通电顺序为 AB—BC—CA—AB,当 A、B 相同时通电时,转子齿会同时受两个定子磁极的作用,当 A、B 磁极对转子齿所产生的磁拉力相等时转子才平衡。同理可得 BC 相和 CA 相通电时的运行状况,如果要使电动机反向运行,则通电顺序改为 AC—CB—BA—AC,从图 5-18 中可以看出通电状态每切换一次,转子旋转 30°。

(a)A、B相通电　　(b)B、C相通电　　(c)C、A相通电

图 5-18　三相双三拍步进电机工作原理

当既有一相通电,也有二相通电,即按照 A—AB—B—BC—C—CA—A 的通电顺序时,电动机运行方式是三相单双六拍。当 A 相通电,此时定子磁极 A 和 A′ 对应转子齿的 1、3 极,如图 5-19(a)所示;当 A,B 相通电时,此时转子对应的位置如图 5-19(b)所示。后面以此类推,这样步进电机顺时针运行,如果要使电动机反向运行,则通电方式改为 A—AC—C—CB—B—BA—A。从图中可以看出这种通电方式的步进电机,其通电状态每切换一次,转子旋转 15°。

(a)A相通电          (b)A、B相通电          (c)B相通电

**图 5-19  三相单双六拍步进电机工作原理**

## 5.2.2  步进电机的类型

步进电机的种类繁多,常见的分类方式有按产生力矩的原理分类、按输出力矩的大小分类以及按定子和转子的数量分类等。按照电机基本构造和工作原理的不同可分为三种类型:磁阻式(亦称反应式),即 VR(variable reluctance)型;永磁式(亦称爪极式),即 PM(permanent magnet)型;混合式,即 HB(hybrid)型。以下就这三种类型步进电机的构造以及基本驱动原理做简要的描述。

**1. 磁阻式步进电机**

磁阻式步进电机通常也可称为反应式步进电机,其定转子均采用齿状结构,定子的每个极上都绕有线圈,转子则由软铁材料制成。其基本原理是绕阻通电励磁之后会产生一个转矩迫使转子转动到磁通路径磁阻最小的位置。为了更好地说明磁阻式步进电机的工作原理,图 5-20 展示了简化的三相反应式步进电机的结构示意图,其定子上有 8 个磁极,转子只有 4 个小齿,步距角为 30°。当绕组 1 通电时,为了保持其磁通路径磁阻最小,将产生一个转矩迫使 X 齿与之对齐;接着若绕组 1 断电、绕组 2 通电,则转子将顺时针转动使得 Y 齿与绕组 2 对齐,以保持磁通路径磁阻最小。实际上的步进电机可通过增加定子极数或者转子的齿数来减小步距角,例如图 5-21 所示的是四相反应式步进电机的横截面示意图,其定子上有 8 个磁极,每个磁极上分布有 5 个小齿,其转子上有 50 个小齿,步距角为 1.8°。

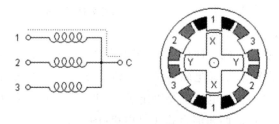
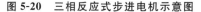

**图 5-20  三相反应式步进电机示意图**

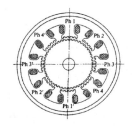

**图 5-21  四相反应式步进电机横截面示意图**

### 2. 永磁式步进电机

永磁式步进电机的结构如图 5-22 所示,永磁式步进电机的转子由 N 极和 S 极相间的永磁体组成。由于定子极被制成爪形,因此又名爪极式步进电机。其基本工作原理是转子上的永磁体建立的磁场和定子绕组中电流激励的磁场相互作用,形成同性相斥、异性相吸的电磁转矩,当绕组励磁产生的合磁场发生旋转时,转子也会跟着同步转动起来。

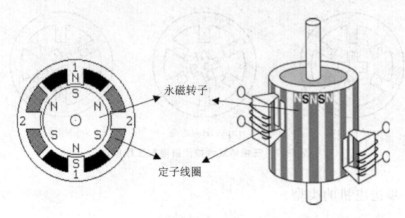

图 5-22　永磁式步进电机结构示意图

永磁式步进电机的定子是由绕满漆包线的注塑骨架套在爪极板上构成的,当绕组通电励磁后,定子上爪极就会被磁化为 N 极或者 S 极,从而与转子的 N 极和 S 极相互作用形成电磁转矩。永磁式步进电机相对于反应式步进电机来说,具有控制功率小、振动小和噪声小的优点,但是由于其定子极数和转子极数相同,且转子永磁体要制成 N、S 密集相间的多对磁极,制造比较困难,因而其步距角一般比较大。

### 3. 混合式步进电机

混合式步进电机定子、转子铁芯均为齿状结构,同反应式步进电机结构非常相似,但是其转子带有永久磁钢,具备永磁体的特性,所以混合式步进电机可看作 VR 型和 PM 型两种步进电机的组合。

两相混合式步进电机的实物解剖图如图 5-23 所示,可以看出,混合式步进电机的定子是由多个带有小齿且绕有线圈的极子构成的,这个和反应式步进电机相同,而转子是由左右两边带有小齿的铁芯以及中间的永久磁钢构成,左右两个铁芯一边呈现 S 极,另一边呈现 N 极,且相互错开 1/2 个小齿齿距,以便形成跟永磁式步进电机类似的 N、S 相间磁极。

图 5-23　两相混合式步进电机实物解剖图

混合式步进电机的基本工作原理和永磁式步进电机一样,是靠绕组通电之后激励的磁场与转子固有的磁场进行同性相斥、异性相吸的相互作用,形成电磁转矩促使转子转动的,当定子绕组激励的合磁场发生旋转时定子也同步旋转。目前步进电机主要以定子 10 极、转子 50 齿的五相混合式步进电机(图 5-24)和定子 8 极、转子 50 齿的两相混合式步进电机(图 5-25)为主。

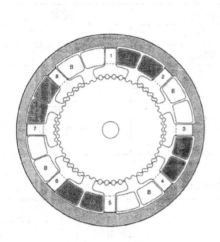

图 5-24　五相混合式步进电机横截面

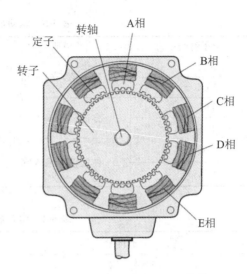

图 5-25　两相混合式步进电机横截面

### 5.2.3　步进驱动的控制方式

步进驱动控制系统是由步进电机驱动器和控制器两大部分组成。控制器发出能够控制速度、位置、转向的脉冲,通过步进驱动器对步进电机的运行进行控制。工程运用中常用到的步进控制系统有基于 PC 和基于 PLC 两种控制方式,此处我们主要介绍基于三菱 FX3U PLC 的步进电机驱动控制系统。

以雷赛公司的一款驱动器(图 5-26)为例,步进驱动器接口分别包含状态指示灯、通信端口、控制信号端口、拨码开关端口、电源输入端口和电机连接端口。

驱动器的接线端口说明和驱动器的拨码开关端口说明分别如表 5-3 和表 5-4 所示。

步进电机驱动控制方式根据控制器输出信号的不同可分为单端控制和差分驱动控制两大类,单端控制又可以分为共阳极输出(NPN 输出)和共阴极输出(PNP 输出)两类。

驱动器一般采用差分式接口电路,可适用于差分驱动信号和单端信号的输入。驱动器内置高速光电耦合器,允许接收长线驱动器、集电极开路和 PNP 输出电路的信号。在环境恶劣的场合,一般推荐用长线驱动器电路,以提高线路的抗干扰能力。

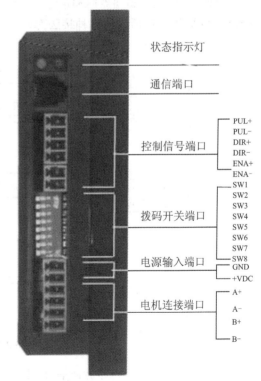

图 5-26　雷赛公司驱动器接口

表 5-3　驱动器的接线端口说明

| 端子符号 | 说明 | 端子符号 | 说明 |
| --- | --- | --- | --- |
| PUL+ | 脉冲信号输入端 | GND/AC | 电源输入端 |
| PUL− | | +VDC/AC | |
| DIR+ | 方向信号输入端 | A+ | 电机 A 相 |
| DIR− | | A− | |
| ENA+ | 使能信号输入端 | B+ | 电机 B 相 |
| ENA− | | B− | |

表 5-4　驱动器的拨码开关说明

| 端子符号 | 说明 |
| --- | --- |
| SW1~SW3 | 电流设置拨码 |
| SW4 | 全流/半流/自整定 |
| SW5~SW8 | 细分设定拨码 |

如图 5-27 所示,驱动器脉冲信号、方向信号、使能信号的正极输入端同时接在控制器电源正极信号(VCC)端,所以称这种接法为共阳极接法。

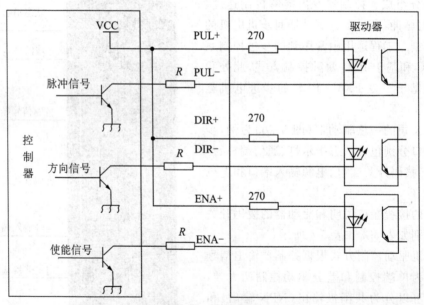

图 5-27　共阳极接法

如图 5-28 所示,驱动器脉冲信号、方向信号、使能信号的正极输入端同时接在控制器电源低电位,所以称这种接法为共阴极接法。

注意:使用共阳极接法时,如果控制信号 VCC 值为 5 V,无须串联电阻($R=0$ Ω);如果 VCC 值为 12 V,$R$ 阻值取 1 kΩ;如果 VCC 值为 24 V,$R$ 阻值取 2 kΩ。

差分方式典型接线方法如图 5-29 所示,驱动器脉冲信号、方向信号、使能信号的正负信号输入端分别与控制器的正负脉冲输出端相连。

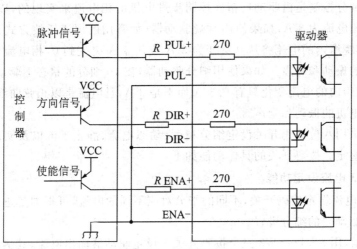

图 5-28　共阴极接法

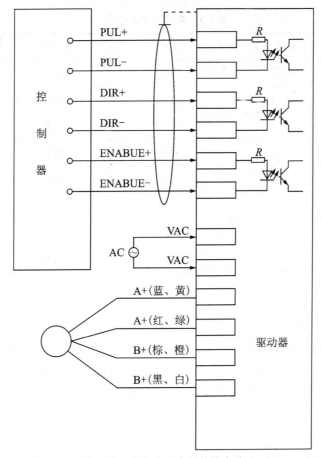

图 5-29　差分方式典型接线方法

步进电机的细分控制是由驱动器精确控制步进电机的相电流来实现的,以二相电机为例,假如电机的额定相电流为 3 A,如果使用常规驱动器(如常用的恒流斩波方式)驱动该电机,电机每运行一步,其绕组内的电流将从 0 突变为 3 A 或从 3 A 突变到 0,相电流的巨大变化必然会引起电机运行的振动和噪声。如果使用细分驱动器,在 10 细分的状态下驱动该电机,电机每运行一微步,其绕组内的电流变化只有 0.3 A 而不是 3 A,且电流是以正弦曲线规律变化的,这样就大大改善了电机的振动和噪声。

驱动器一般采用八位拨码开关设定细分精度、动态电流、静止半流以及实现电机参数和内部调节参数的自整定。拨码开关的具体功能如下:

**1. SW1～SW3 电流设定功能**

SW1～SW3 电流设定拨码开关,不同的细分对应不同的电流,可根据步进电机自身的电流来调整步进电机驱动器的细分设置。

如表 5-5 所示,用 SW1～SW3 三个拨码开关来设定驱动器输出电流,其输出电流共有 8 个挡位。

表 5-5　电流设定参照表

| 输出峰值电流/A | 输出均值电流/A | SW1 | SW2 | SW3 |
| --- | --- | --- | --- | --- |
| 1.00 | 0.71 | ON | ON | ON |
| 1.46 | 1.04 | OFF | ON | ON |
| 1.91 | 1.36 | ON | OFF | ON |
| 2.37 | 1.69 | OFF | OFF | ON |
| 2.84 | 2.03 | ON | ON | OFF |
| 3.31 | 2.36 | OFF | ON | OFF |
| 3.76 | 2.69 | ON | OFF | OFF |
| 4.20 | 3.00 | OFF | OFF | OFF |

**2. SW4 的功能**

1)静止(静态)电流设定

静态电流可用 SW4 拨码开关设定,OFF 表示静态电流设为动态电流的一半,ON 表示静态电流与动态电流相同。一般用途中应将 SW4 设成 OFF,以减少电机和驱动器的发热,提高可靠性。脉冲串停止后约 0.4 s 电流自动减至一半左右(实际值的 60%),发热量理论上减至 36%。

2)参数自整定功能

若 SW4 在 1 s 之内往返拨动一次,驱动器便可自动完成电机参数和内部调节参数的自整定;在电机、供电电压等条件发生变化时请进行一次自整定,否则,电机可能运行不正常。注意此时不能输入脉冲,方向信号也不应变化。

实现方法 1:SW4 由 ON 拨到 OFF,然后在 1 s 内再由 OFF 拨回到 ON;

实现方法 2:SW4 由 OFF 拨到 ON,然后在 1 s 内再由 ON 拨回到 OFF。

**3. SW5～SW8 细分设定功能**

不同的细分对应不同的步/转数,细分设定功能参照表 5-6。在精密控制场合,步进电机驱动器应把步距角细分,步进电机的细分减少了每一步所走过的步距角,提高了控制精度,减少了步进电机的低频振荡,减少了转矩脉动,提高了输出转矩。

由 SW5～SW8 四个拨码开关来设定驱动器微步细分数,共有 15 挡微步细分。用户设定微步细分时,应先停止驱动器运行。具体微步细分数的设定,请查看驱动器面板图说明。

表 5-6　细分设定表

| 步数/转 | SW5 | SW6 | SW7 | SW8 |
| --- | --- | --- | --- | --- |
| 400 | ON | ON | ON | ON |
| 800 | ON | OFF | ON | ON |
| 1600 | OFF | OFF | ON | ON |
| 3200 | ON | ON | OFF | ON |
| 6400 | OFF | ON | OFF | ON |
| 12800 | ON | OFF | OFF | ON |
| 25600 | OFF | OFF | OFF | ON |
| 1000 | ON | ON | ON | OFF |
| 2000 | OFF | ON | ON | OFF |
| 4000 | ON | OFF | ON | OFF |
| 5000 | OFF | OFF | ON | OFF |
| 8000 | ON | ON | OFF | OFF |
| 10000 | OFF | ON | OFF | OFF |
| 20000 | ON | OFF | OFF | OFF |
| 25000 | Off | OFF | OFF | OFF |

## 5.2.4　驱动控制软件

驱动控制软件部分将重点介绍步进电机在三菱 FX3U PLC 的控制之下所用到的基本软元件和基本运动控制程序的编写。

在基于三菱 FX3U PLC 控制系统中,步进电机运动控制编程中常用到 M8029、M8329、M8340、M8348、M8349 等特殊继电器软元件。此处重点讲解此类标志位特殊继电器在步进电机运动控制的编程中所起到的作用。

**1. 指令执行完成标志位 M8029**

继电器 M8029 是指令执行完成标志位,其功能是当指令执行完成,M8029 为 ON。M8029并不是所有功能指令的执行完成标志,其适用的指令如表 5-7 所示。

表 5-7　特殊继电器 M8029 适用指令

| 指令分类 | 适用指令 |
| --- | --- |
| 数据处理 | 矩阵输入(MTR)、数据排列指令(SORT) |
| 外部 I/O 设备 | 16 键输入(HKY)、数字式开关(DSW)、7 段码时间分割显示指令(SEGL) |
| 方便指令 | 增量式凸轮顺控指令(INCD)、斜坡信号指令(RAMP) |
| 脉冲输出 | 脉冲输出(PLSY)、带加减速的脉冲输出指令(PLSR) |
| 定位 | 原点回归(ZRN)、带 DOG 搜索的原点回归(DSZR)、相对定位(DRVI)、可调速脉冲输出指令(PLSV) |

　　这些指令的共同特点是指令的执行时间较长,且带有执行时间的不确定性。如果想知道这些指令什么时候执行完毕,或者程序中某些数据处理或驱动要等指令执行完毕才能继续,这时 M8029 就可以发挥其功能作用。

　　对不同的指令,M8029 执行的时序也不相同。一种是指令执行完成,M8029 置 ON,直到驱动条件断开才置 OFF;另一种是指令执行完成后仅在完成后的一个扫描周期里为 ON。对脉冲输出指令和定位指令,M8029 时序如图 5-30 所示。

图 5-30　M8029 时序图

　　M8029 仅在指令正常执行完成后才置 ON,如果指令执行过程中因驱动条件断开而停止执行,则 M8029 不会置 ON,应用中必须注意这点。

　　由于 M8029 是多个指令的执行完成标志,当程序中有多个指令需要利用 M8029 时,每一个指令是不相同的,因此 M8029 在程序中的位置就比较重要,试看图 5-31 所示的梯形图程序。

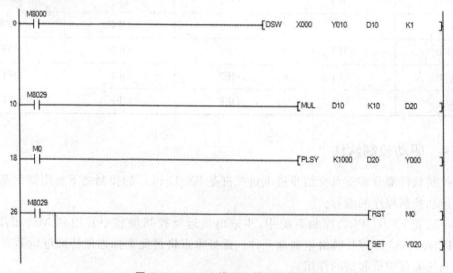

图 5-31　M8029 错误位置程序梯形图

　　本例程序设计思路是执行 DSW 指令后进行乘法运算,然后执行指令 PLSY 后输出 Y020,但实际运行时,DSW 指令执行完成后两个 M8029 指令同时置 ON,Y020 已经有输出,这是第一处错误。还有另一处错误,第一个 M8029 作为 MUL 的驱动条件,MUL 指令可以在一个扫描周期内完成,但如果作为脉冲输出和定位指令的驱动条件,由于这些指令不可能在一个扫描周期内完成,程序运行就会发生错误。

M8029 正确位置的程序梯形图如图 5-32 和图 5-33 所示。

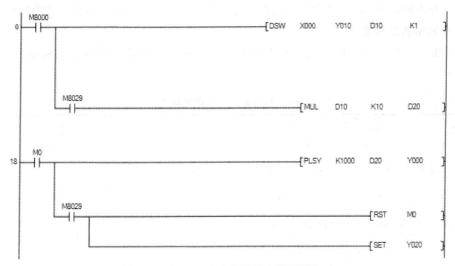

图 5-32　M8029 正确位置程序梯形图(一)

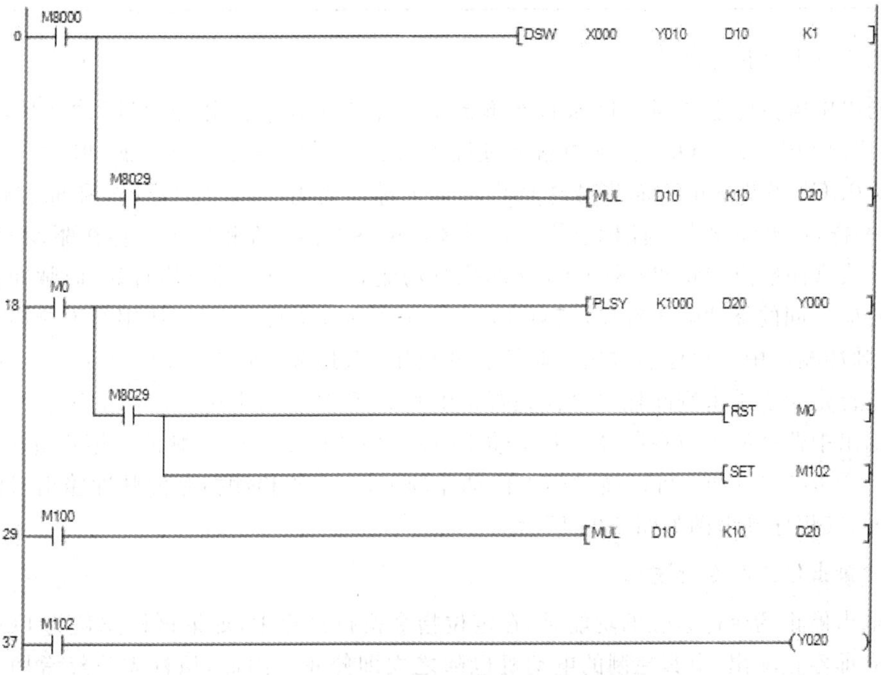

图 5-33　M8029 正确位置程序梯形图(二)

在程序编制中,M8029 应该紧随其指令的正下方,这样 M8029 标志位随各自的指令而置 ON。

M8029 在程序中的作用是在一个指令执行完成后可以用 M8029 来启动一个动作完成必要

先进智能制造技术

的程序处理,而在定位控制中,M8029 的主要作用是当上一段定位的控制完成后,利用 M8029 断开上一段定位控制的驱动条件和启动下一个定位控制指令。

**2. 指令执行异常结束标志位 M8329**

当指令执行过程中执行原点回归指令 ZRN 和 DSZR 时,无 DOG 开关信号或者执行定位指令时碰到左右限位开关,这时指令执行异常结束标志位 M8329 置 ON,结束指令的执行。

**3. 脉冲输出状态标志位**

除了 M8029 外,FX3U PLC 定位控制相关标志位还有 3 个关于脉冲输出的动作监控标志位,见表 5-8。

表 5-8　脉冲输出动作监控标志位

| 标志位 | Y0 | Y1 | Y2 | Y3 | 状态 |
|---|---|---|---|---|---|
| 脉冲输出中监控 | M8340 | M8350 | M8360 | M8370 | ON:脉冲输出中<br>OFF:脉冲停止中 |
| 定位指令驱动中 | M8348 | M8358 | M8368 | M8378 | ON:指令驱动成立<br>OFF:指令驱动不成立 |
| 脉冲输出停止 | M8349 | M8359 | M8369 | M8379 | ON:正在输出脉冲立即停止输出<br>OFF:脉冲正常输出 |

1)脉冲输出中监控标志位

脉冲输出中监控标志位用来检测脉冲输出端口是否正在输出脉冲,当脉冲开始输出脉冲时,该标志位由 OFF 变为 ON,在脉冲输出过程中,该标志位一直为 ON。脉冲输出一旦停止,则该标志位由 ON 变为 OFF,而当脉冲输出端口无脉冲输出时,其为 OFF。和标志位 M8029 及 M8329 一样,脉冲输出中监控标志位也是只读辅助继电器。在程序中不存在驱动元件,只能利用其常开或常闭触点,M8029 和 M8329 的执行功能对所有输出端口均有效,而脉冲输出中监控标志位对应不同的脉冲输出端口,其对应的标志位也不同(见表 5-8),使用时不能搞错。

通常,脉冲输出中监控标志位用来监控脉冲输出,用其常开触点驱动输出指示。在调试中可以根据运行是否正常来判断程序设计是否正确和 PLC 脉冲输出端口是否正常。

脉冲输出中监控标志位在脉冲一开始输出时就由 OFF 变为 ON,脉冲一停止输出就由 ON 变为 OFF。利用这个功能,可以通过标志位动作的上、下沿来检测指令的脉冲输出时间和指令的执行时间,其程序梯形图如图 5-34 所示。

2)脉冲输出停止指令标志位

脉冲输出停止指令标志位的功能是,在定位指令执行过程中,如果该标志位为 ON,则输出中的脉冲立即停止输出,由其控制的电动机也随之立即停止。因此,该标志位经常用于为了避免危险而需要控制立即停止的情况。由于是紧急停止,在高速情况下会有损坏生产设备的可能性。如果仅需要暂时停止定位控制运行,可使用断开驱动条件或动作正/反转极限开关来完成,这些操作是减速停止,对生产设备的损伤较小。

当使用伺服电动机时,通常都要求加接伺服正/反转极限开关。这两个限位开关以常闭形

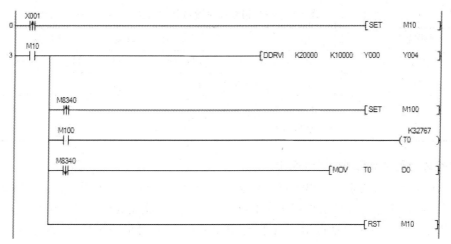

图 5-34　检测脉冲输出时间程序梯形图

式接入伺服驱动器输入端口。当在运行中碰到限位开关后,伺服电动机会自动停止,但这时 PLC 无法得知这个情况,所执行的定位指令仍然从 Y 口输出脉冲,这时可同时将伺服极限开关接入 PLC 的输入端口,利用这个信号驱动脉冲输出停止指令标志位使脉冲输出立即停止。

该标志位为 ON 后必须将其置 OFF,并将定位指令驱动为 OFF 后才能再次输出脉冲。

3)定位指令驱动中标志位

定位指令驱动中标志位是针对定位指令的驱动状态标志。如果定位指令的驱动条件成立(接通),则该标志位为 ON;当驱动条件不成立(断开)时,则为 OFF。但它与指令的执行情况无关,不管指令执行是否完成,只要驱动条件成立,则标志位仍然为 ON,只有驱动条件不成立时,它才为 OFF。

这个标志位并不能监控脉冲输出,仅用来监控驱动条件是否接通。因此,定位指令驱动中标志位在程序中应用较少。

## 5.2.5　回原点控制

### 1. 原点回归指令 ZRN

ZRN 指令执行的是不带搜索功能的原点回归模式。不带搜索功能的原点回归模式是指对 DOG 块(工件上附件的挡块俗称 DOG 块)信号不带搜索的原点回归来说,开始位置只能在近点开关 DOG 的右边区域内进行原点回归动作。如果 DOG 块仍与近点开关 DOG 保持接触(仍压住近点开关 DOG)或 DOG 块处于近点开关左边区域或 DOG 开关与限位开关保持接触,都不能进行原点回归。这就使不带搜索的原点回归模式应用受到了很大限制。

ZRN 指令如图 5-35 所示。

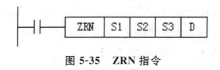

图 5-35　ZRN 指令

ZRN 指令操作数内容与取值如表 5-9 所示。

表 5-9　ZRN 指令操作数内容与取值

| 操作数 | 内容与取值 |
| --- | --- |
| S1 | 原点回归开始速度:[16 位]10～32767 Hz;[32 位]10～1000000 Hz |
| S2 | 爬行速度:10～32767 Hz |
| S3 | 近点信号的输入端口 |
| D | 脉冲输出端口 |

**2. 带搜索功能原点回归指令 DSZR**

针对 ZRN 指令的缺陷开发出带搜索功能的原点回归指令——DSZR 指令。DSZR 对当前位置没有要求,在任意位置哪怕是停止在限位开关位置上都能完成原点回归操作。

DSZR 指令除了具有自动搜索功能外,还增加了 DOG 信号的逻辑选择、零点信号引入和清零信号的输出地址灵活选择等功能,使用起来比 ZRN 指令更加灵活、方便,原点的定位精度也得到很大提高。

DSZR 指令如图 5-36 所示。

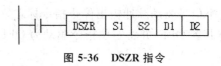

图 5-36　DSZR 指令

DSZR 指令操作数内容与取值如表 5-10 所示。

表 5-10　DSZR 指令操作数内容与取值

| 操作数 | 内容与取值 |
| --- | --- |
| S1 | 近点(DOG)信号输入地址 |
| S2 | 指定输入零点的输入地址 |
| D1 | 脉冲输出端口 |
| D2 | 指定旋转方向的输出端口 |

### 5.2.6　定位控制

相对位置定位指令 DRVI 和绝对位置定位指令 DRVA 是目标位置设定方式不同的单速定位指令。

DRVI 是相对位置定位指令,其运行位置是相对于当前位置而言的。指令执行过程中,输出脉冲的脉冲数以增量的方式存入当前值寄存器。正转时当前值寄存器值增加,反转时则减少,所以相对位置控制指令又叫增量式驱动指令。

DRVI 指令执行后,如果没有完成相对目标位置定位就停止驱动,电机将减速停止,但再次驱动时,指令不会延续上次的运行,而是默认停止位置为当前位置,执行指令。因此,如果需要临时停止后延续余下行程时,就不能使用相对定位指令。

DRVI 指令如图 5-37 所示。

DRVI 指令操作数内容与取值如表 5-11 所示。

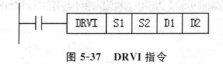

图 5-37　DRVI 指令

表 5-11　DRVI 指令操作数内容与取值

| 操作数 | 内容与取值 |
|---|---|
| S1 | 输出脉冲量:[16 位]−32767～+32767,0 除外;[32 位]−999999～+999999,0 除外 |
| S2 | 输出脉冲频率:[16 位]10～32767 Hz;[32 位]10～1000000 Hz |
| D1 | 输出脉冲端口 |
| D2 | 指定旋转方向的输出端口,ON 为正转,OFF 为反转 |

# 5.3　软件设计

智慧型步进电机控制单元的软件主要包含两部分,一部分可以称作中间软件,该部分主要运行于运动控制板卡和数据采集卡上,用于实现前端各执行机构的运动控制,如四轴的电机等,以及各终端状态信息的采集。运动控制板卡是整个系统的中枢,起到承上启下的作用。运动控制板卡和数据采集卡的软件通常在研制的过程中便完成开发,并固化到控制器内部,后期通常不需要修改。另一部分的软件是上位机软件,也称作后台管理软件,该部分软件直接面向用户,是可视化的操作软件。

上位机软件由 LabView 软件开发完成。LabView 是一种程序开发环境,由美国国家仪器(NI)公司研制开发,类似于 C 和 BASIC 开发环境,但是 LabView 与其他计算机语言的显著区别是,其他计算机语言都采用基于文本的语言产生代码,而 LabView 使用的是图形化编辑语言,产生的程序是框图的形式。

与 C 和 BASIC 一样,LabView 也是通用的编程系统,有一个完成任何编程任务的庞大函数库。函数库包括数据采集、GPIB、串口控制、数据分析、数据显示及数据存储等。LabView 提供很多外观与传统仪器(如示波器、万用表)类似的控件,可用来方便地创建用户界面。用户界面在 LabView 中被称为前面板。使用图标和连线,可以通过编程对前面板上的对象进行控制。

因为 LabView 上手简便,开发迅捷,所以在自动化控制、测试、仿真等工业和科学领域得到了广泛的应用。

## 5.3.1　控制界面软件设计

上位机软件可以实现对硬件平台的控制和状态监测。平台控制主界面如图 5-38 所示。该界面可以看成是系统的一级控制界面,用于系统状态的显示、自动/手动工作模式的切换等。

更深入的系统二级控制界面如图 5-39 所示。该界面上可以控制调整各轴向电机的回零、各步进电机的运行速度和运行模式(包括步进模式和连续模式),也可以用于设置各轴的目标点位以及按照点位进行示教、对真空单元进行手动控制,还可以对各个电机进行单独回零、控制各

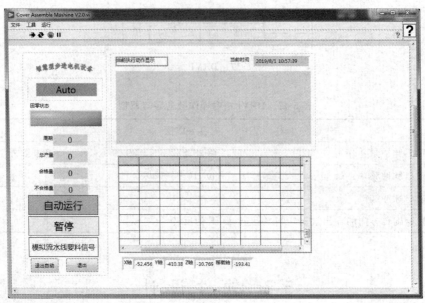

图 5-38 控制主界面

轴电机的实时坐标显示等。

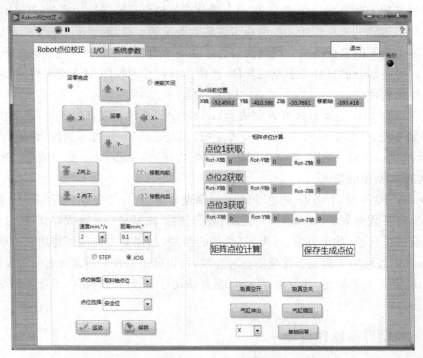

图 5-39 二级控制界面

## 5.3.2 监测界面软件设计

上位机的状态监测分为两种方式,一种是图形化界面,一种是输出文件。在图形化界面上,按照 I/O 口信号的走向,又可以分为输入信号和输出信号两类,输入和输出的对象指的都是运动控制卡。输入信号包括模式选择、复位、门禁控制、负压表控制等；输出信号包括指示灯的显示、蜂鸣器的状态、吸真空的状态等。上位机 I/O 口的状态监测界面如图 5-40 所示。

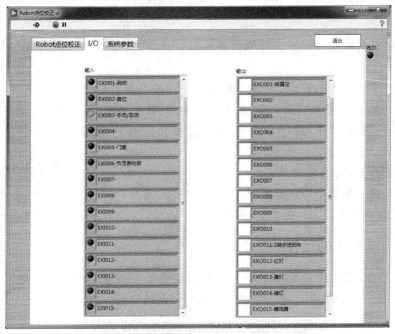

图 5-40　I/O 口状态监测界面

输出的文件中包含的是包括 I/O 状态在内的系统参数，另外还包括二级控制界面上显示的放料点位、取料点位等信息，如图 5-41 所示。

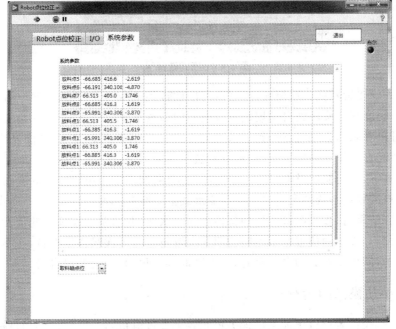

图 5-41　系统参数界面

# 5.4　实操与演示

智慧型步进电机控制单元的运行分为两种模式进行：自动模式和手动模式。

自动模式和手动模式运行前，均需让系统做好运行准备。按照图 5-1 所示的工作流程，依次打开气源、给系统上电、计算机开机，最后打开 LabView 执行软件，做好步进电机控制单元运行的准备工作。

打开气源的开关，如图 5-42 所示。

系统的电源统一由漏电断路器控制，闭合漏电断路器的开关，系统上电，此时才能打开断路器，并开启计算机。

图 5-42　气源打开

## 5.4.1　自动模式的运行

如图 5-43 所示，自动模式下，操作者的工作比较简单，只需按照预定步骤做好准备，一旦进入自动模式，系统便会自动执行，在无异常的情况下，无须外部干预。

图 5-43　模式选择

首先将模式旋钮旋转到自动模式，当然也可以旋转到空闲模式，但复位完成后，还需要再旋转到自动模式，因此直接旋转到自动模式更方便。然后按下复位按钮，系统开始复位，仔细观察电机的运动，可以看到四个电机都回到了系统的零点。待主界面上提示"系统复位完成"时，按下启动按钮，此时自动模式开始运行，指示灯从黄色变为绿色。

在自动模式下，运行初始时抓取第一个物料，一个周期内步进电机完成 3 次物料的取料，物料的传送和放料需要流水线的配合。只有在流水线上的载具到达指定位置，并向步进控制单元发出"请求加工"信号后，步进电机才将物料传送到流水线，并放到程序设定的位置。三次取料，取的料品各不相同，放的位置也不相同。第 3 次取料是为下次操作做准备，并不传送。因此，每次系统准备时，需要检查载物盘是否有料，否则取料失败，系统会发出告警。

## 5.4.2　手动模式的运行

手动模式下，操作者可以更加主动地去控制各个步进电机，包括回零、移动目标、移动速度、吸嘴的吸取和释放，等等，都可以单独控制和操作。通过手动模式，操作者可以更详尽地观察电机的控制和运动。

手动模式下常用的操作主要在图 5-39 所示的二级控制界面上。

# 5.5　设备物料清单

本站使用的设备物料清单如表 5-12 所示。

表 5-12　设备物料清单

| 物料 | 型号 | 品牌 |
|---|---|---|
| 工控机 | IPC-7132MB-I5 | 研华 |
| 显示器 | GYC1701Q0 | 广运成 |
| 步进电机 | 57BHH76-300D-21BB、86BHH97-500B-30 | 创伟 |
|  | 3403HS60U14、2304HS30D8 | 汉德宝 |
|  | 42HS03、57HS22-A | 雷赛 |
| 步进电机驱动器 | CWD860H、CWD556 | 创伟 |
|  | ASD880R、ASD545R | 汉德宝 |
|  | DM542、DM442 | 雷赛 |
| 运动控制卡 | AMP-208C(含 2 块端子板及线) | 凌华 |
| 数据采集卡 | PCI-7230(含 IO 卡等所有配件) | 凌华 |

# 5.6　常见故障排查

**1. 机器信号灯不亮**

(1)确认工作状态,是否应该亮灯。

(2)查看端子对应 I/O 口是否有输出。

(3)查看连线及电源。

(4)更换信号灯。

**2. 气缸无法正常工作**

手动情况下,可执行以下操作。

(1)检查是否通电、通气。

(2)检查有无硬物阻挡。

(3)检查电磁阀有无动作。

(4)更换控制电路板。

**3. 步进模组无法回原点**

(1)电源是否已经打开。

（2）驱动器是否已经得电，有无报警。

（3）是否可以使能伺服。

（4）将每个轴都移到中间位置，不能越过限位开关。

（5）查看连线、接口是否松动脱落。

（6）检查驱动器参数设置。

（7）更换驱动器，更换电机。

**4.步进模组报警**

伺服驱动器报警时，可执行以下操作。

（1）检查是否撞击。

（2）检查步进模组是否到达限位。

（3）检查驱动器与电机连接线是否松动或脱落。

（4）更换电机或伺服驱动器。

# 第6章 高速直线电机单元

💬 | **知识目标**

(1)了解高速直线电机单元的基本操作规范。

(2)了解直线电机的基本概念。

(3)了解直线电机的结构、分类及其特点。

🏆 | **能力目标**

(1)能够理解高速直线电机的结构及其各部分作用。

(2)能够理解各种直线电机的特点。

▶▶▶ | **基本规范**

高速直线电机单元工作站在使用和设计时,首先保证使用者的人身安全及设备安全。在使用前,应进行检查,确保已安装过流关断阀、气路软管无切口和裂缝、各部件连接紧固、开关处于关闭位置。不应将软管锐角弯曲、缠绕、打结或将重物置于其上。拆卸气动装置前应关闭气管路阀门,释放管路余压后方可实施。安装或更换电气装置时,确保机台断电。

(1)启动设备前应特别观察是否另有人员正在进行保养、清洁、调整等操作。

(2)设备自动模式时,不允许进入其运动所及的区域。

(3)进行保养、清洁、调整操作时,应于操作机台边悬挂警示牌。

(4)禁止穿戴项链、手镯、手表等可能滑出、垂下之物品上岗操作。

(5)禁止穿着松垮或有飘带的衣物上岗操作。

(6)在编程、测试及维修时,必须将设备置于手动模式。

(7)操作前确认操作区域内所有杂物均已清除,保持操作地面干燥无油污。

(8)开启设备前检查周边防护设施是否准备到位。

(9)非专业人士不得随意搬动、移动设备,以免发生人员伤害或设备损坏。

(10)移动设备或部件时,移动部分不可有松脱物体,配管、配线等应束紧固定。

(11)操作人员如有长发,需将长发扎起,防止卷入高速旋转的设备中。

(12)严禁倚靠、骑坐在产线设备上,避免造成人员伤害或设备损坏。

(13)当发生因操作设备不当而导致的人员受伤事故,当及时按下急停按钮,避免更严重的事故发生,并且检查受伤情况,及时解决,并视情况选择是否需要救护工作。

## 6.1 直线电机介绍及应用

### 6.1.1 直线电机定义

直线电机(图6-1)是一种通过将封闭式磁场展开为开放式磁场,将电能直接转换成直线运动的机械能,而不需要任何中间转换机构的传动装置。它可以理解成一台旋转电机沿径向剖开,并展开为平面的设备,如图 6-2 所示。

直线电机也称线性电机、线性马达、直线马达、推杆马达。线圈的典型组成是三相,由霍尔元件实现无刷换相。

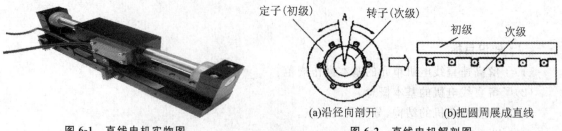

图 6-1　直线电机实物图

定子(初级)　转子(次级)

初级　次级

(a)沿径向剖开　　　　(b)把圆周展成直线

图 6-2　直线电机解剖图

直线电机的动子是用环氧材料把线圈压缩在一起制成的;磁轨是把磁铁(通常是高能量的稀土磁铁)固定在钢上形成的。电机的动子包括线圈绕组、霍尔元件电路板、电热调节器(温度传感器监控温度)和电子接口。在旋转电机中,动子和定子需要旋转轴承支撑动子以保证相对运动部分的气隙。同样的,直线电机需要直线导轨来保持动子在磁轨所产生的磁场中的位置。和旋转伺服电机需要编码器来反馈位置一样,直线电机也需要反馈直线位置的反馈装置——直线编码器,它可以直接测量负载的位置,从而提高负载的位置精度。

直线电机的控制原理和旋转电机一样。类似于无刷旋转电机,直线电机的动子和定子是无机械连接(无刷)的,但旋转电机的旋转动子和定子的位置相对固定,而直线电机系统可以是磁轨运动或推力线圈运动(大部分定位系统应用的是磁轨固定、推力线圈运动)。用推力线圈运动的电机,推力线圈的重量和负载比很小,然而,它需要高柔性线缆及管理系统。用磁轨运动的直线电机,不仅要承受负载,还要承受磁轨自重,但无须线缆及管理系统。

直线电机和旋转电机的机电原理也一样。二者的区别是电磁力在旋转电机上产生力矩,而在直线电机上产生直线推力作用。因此,直线电机使用和旋转电机相同的控制和可编程配置。直线电机的形状可以是平板式、U 形槽式和管式,至于哪种构造最适合,要看实际应用的规格要求和工作环境。

### 6.1.2　直线电机工作原理

直线电机中,对应旋转电机定子的部分叫初级,对应转子的部分叫次级。当向直线电机初级通入电流后,就会在初次级之间的气隙当中产生一个平移交变磁场,称为行波磁场,直线电机在行波磁场与次级的永磁体的相互作用下产生驱动力,从而实现运动部件的直线运动。

直线电机由滑台、初级、次级、位置传感器、直线导轨等组成,如图 6-3 所示。

### 6.1.3　直线电机分类

#### 1.圆柱形动磁体直线电机

圆柱形动磁体直线电机动子是圆柱形结构,沿固定着磁场的圆柱体运动。这种电机是最早实现并进行商业应用的,但是不能使用于要求节省空间的场合。圆柱形动磁体直线电机的磁路与动磁执行器相似,区别在于线圈可以复制以增加行程。典型的线圈绕组是三相组成的,使用

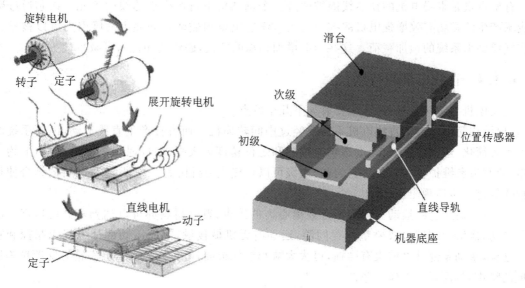

**图 6-3　直线电机示意图**

霍尔装置实现无刷换相。推力线圈是圆柱形的,沿磁棒上下运动。这种结构不适合对磁通泄漏敏感的应用。操作时必须小心,保证手指不卡在磁棒和有吸引力的侧面之间。

　　管状直线电机设计的一个潜在的问题是,当行程增加时,由于电机是圆柱形的而且沿着磁棒上下运动,支撑点在两端,需要确保磁棒的径向偏差,导致磁体接触推力线圈的长度总会有限制。

### 2. U 形槽式直线电机

　　U 形槽式直线电机有两个介于金属板之间且都对着线圈动子的平行磁轨。动子由导轨系统支撑在两磁轨中间。动子是非钢的,意味着无吸力且在磁轨和推力线圈之间无干扰力产生。非钢线圈装配惯量小,允许非常高的加速度。线圈一般是三相的,无刷换相。可以用空气冷却法冷却电机来获得性能的增强,也有采用水冷方式的。这种设计可以较好地减少磁通泄露,因为磁体面对面安装在 U 形导槽里。这种设计也最小化了强大的磁力吸引所带来的危害。

　　这种设计的磁轨允许组合以增加行程长度,只局限于线缆管理系统可操作的长度、编码器的长度和机械构造结构设计与生产的能力。

### 3. 平板式直线电机

　　常见的平板式直线电机有三种类型(均为无刷):无槽无铁芯、无槽有铁芯和有槽有铁芯。

　　无槽无铁芯平板电机是由一系列安装在一个铝板上的线圈构成的。由于没有铁芯,电机没有吸力和接头效应(与 U 形槽电机相同)。该设计在某些应用中有助于延长轴承寿命。动子可以从上面或侧面安装以适合大多数应用场景。这种电机对要求控制速度平稳的应用是理想的,如扫描应用。但是平板磁轨设计产生的推力输出最低。通常,平板磁轨具有高的磁通泄露,效率最低。所以需要谨慎操作以防操作者受它们之间和其他被吸材料之间的磁力吸引而受到伤害。

　　无槽有铁芯平板电机结构上和无槽无铁芯平板电机相似。除了铁芯安装在钢叠片结构再安装到铝背板上,钢叠片结构用于指引磁场和增加推力。磁轨和动子之间产生的吸力和电机产生的推力成正比,叠片结构导致接头力产生。把动子安装到磁轨上时必须小心以免它们之间的吸力造成伤害。无槽有铁芯电机比无槽无铁芯电机有更大的推力。

115

有槽有铁芯直线电机的铁芯线圈被放进一个钢结构里以产生铁芯线圈单元。铁芯通过聚焦线圈产生的磁场有效增强电机的推力输出。铁芯电枢和磁轨之间强大的吸引力可以被预先用作气浮轴承系统的预加载荷。这些力会增加轴承的磨损,磁铁的相位差可减少接头力。

### 6.1.4　直线电机的特点

直线电机与旋转电机相比,主要有如下几个特点:

(1)结构简单。由于直线电机不需要经过中间转换机构而直接产生直线运动,因而系统的结构大大简化,运动惯量减少,动态响应性能和定位精度大大提高;同时提高了可靠性,节约了成本,使制造和维护更加简便。它的初、次级可以直接成为机构的一部分,这种独特的结合使得这种优势进一步体现出来。

(2)适合高速直线运动。因为不存在离心力的约束,普通材料亦可以达到较高的速度。而且如果初、次级间用气垫或磁垫保存间隙,运动时无机械接触,因而运动部分也就无摩擦和噪声。这样,传动零部件之前没有磨损,可大大减小机械损耗,避免拖缆、钢索、齿轮与皮带轮等所造成的噪声,从而提高整体效率。

(3)初级绕组利用率高。在圆柱形直线感应电机中,初级绕组是饼式的,没有端部绕组,因而绕组利用率高。

(4)无横向边缘效应。横向效应是指由于横向开断造成的边界处磁场的削弱,而圆柱形直线电机横向无开断,所以磁场沿周向均匀分布。

(5)容易克服单边磁拉力问题。径向拉力互相抵消,基本不存在单边磁拉力的问题。

(6)易于调节和控制。通过调节电压或频率,或更换次级材料,可以得到不同的速度、电磁推力,适用于低速往复运行场合。

(7)适应性强。直线电机的初级铁芯可以用环氧树脂封成整体,具有较好的防腐、防潮性能,便于在潮湿、粉尘和有害气体的环境中使用;而且可以设计成多种结构,满足不同情况的需要。

(8)高加速度。这是直线电机驱动相比其他丝杠、同步带和齿轮齿条驱动的一个显著优势。

### 6.1.5　直线电机应用

直线电机可以认为是旋转电机在结构方面的一种变形。随着自动控制技术和微型计算机的高速发展,人们对各类自动控制系统的定位精度提出了更高的要求,在这种情况下,传统的旋转电机再加上一套变换机构组成的直线运动驱动装置,已经远不能满足现代控制系统的要求,为此,世界上许多国家都在研究、发展和应用直线电机,使得直线电机的应用领域越来越广。

直线电机主要应用于三个方面:一是应用于自动控制系统,这类应用场合比较多;二是作为长期连续运行的驱动电机;三是应用在需要短时间、短距离内提供巨大的直线运动能的装置中。

**1. 高速磁悬浮列车**

高速磁悬浮列车是直线电机实际应用的最典型的实例,美、英、日、法、德、加拿大等国都在研制直线悬浮列车,其中日本进展最快。

**2. 直线电机驱动的电梯**

世界上第一台使用直线电机驱动的电梯是 1990 年 4 月安装于日本东京都丰岛区万世大楼的,该电梯载重 600 kg,速度为 105 m/min,提升高度为 22.9 m。由于直线电机驱动的电梯没有曳引机组,因而建筑物顶的机房可省略。如果建筑物的高度增至 1000 m 左右,就必须使用无钢丝绳电梯,这种电梯采用高温超导技术的直线电机驱动,线圈装在井道中,轿厢外装有高性能永磁材料,就如磁悬浮列车一样,采用无线电波或光控技术控制。

**3. 超高速电动机**

当转速超过某一极限时,采用滚动轴承的电动机就会产生烧结、损坏现象。为此,科学家们研制了一种直线悬浮电动机(电磁轴承),采用悬浮技术使电机的动子悬浮在空中,消除了动子和定子之间的机械接触和摩擦阻力,其转速可达 25000～100000 r/min,因而在高速电动机和高速主轴部件上得到广泛的应用。如日本安川公司研制的多工序自动数控车床用五轴可控式电磁高速主轴,采用两个径向电磁轴承和一个轴向推力电磁轴承,可在任意方向上承受机床的负载。在轴的中间,除配有高速电动机以外,还配有与多工序自动数控车床相适应的工具自动交换机构。

# 6.2 直线电机驱动器的技术参数

市场上直线电机的型号多种多样,下面重点以灵猴公司的 SV-J1 伺服驱动器为例介绍直线电机驱动的技术参数。如图 6-4 所示,伺服驱动器包含状态指示灯、显示面板、通信接口、控制信号接口、电源输入接口和电机连接接口等。

## 6.2.1 驱动器各部分介绍

图 6-4 中各个部件详细介绍如下:
①显示面板:5 位数码管,显示驱动器状态与参数。
②P1 接口:电机动力线接口(U、V、W),电机地线接口(PE)。
③P2 接口:外部制动电阻接口(B1、B2),共母线接口(B1、N)。
④P3 接口:主电源接口(R、S、T)控制电源接口(L1C、L2C)。
⑤电压指示灯。
⑥驱动器接地端子。
⑦C3 接口:编码器信号接口。
⑧C2 接口:扩展控制信号接口。
⑨C1 接口:控制信号接口。
⑩操作按键:5 位按键控制交互。
⑪C5/C6:RS485 通信接口(定义相同)。

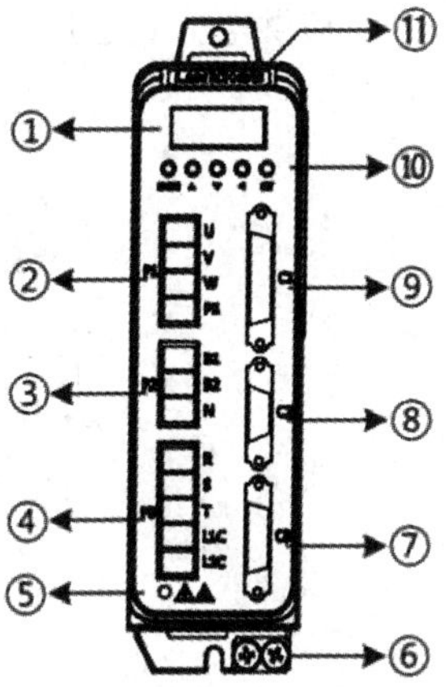

图 6-4 伺服驱动器各部件示意图

## 6.2.2 驱动器控制电源与主回路电源接线

伺服驱动器主回路供电方式分为单相供电与三相供电两种,单相供电仅容许用于 750 W 及 750 W 以下机种。

**1. 单相供电方式**

单相供电方式仅适用于 6A/1kW 以下功率机,如图 6-5 所示。图 6-5 中的 Power ON 为常开接点,Power OFF 与 Fault Ry 为常闭接点。MC 为电磁接触器线圈及自保持电源,与主回路电源相接。

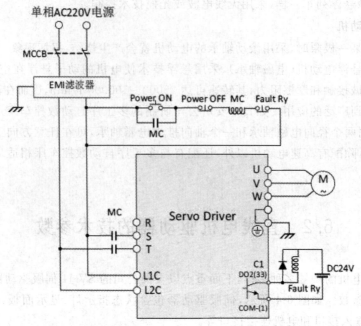

图 6-5　单相供电方式接线方法

### 2. 三相供电方式

三相供电方式适用于全系列，如图 6-6 所示。

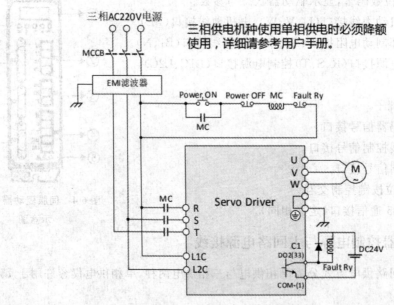

图 6-6　三相供电方式接线方法

### 3. 驱动器的主线端口

以下是对驱动器的主线路端口的详细介绍，如表 6-1 所示。

表 6-1　端口的功能说明

| 端口标记 | 名称 | 说明 |
|---|---|---|
| R、S、T | 主回路电源输入端 | 连接至三相 AC220 V、50/60 Hz 交流电源 |
| L1C、L2C | 控制回路电源输入端 | 连接至单相 AC220 V、50/60 Hz 交流电源 |
| U、V、W、PE | 电机连接端口 | 连接至伺服电机,其中 U、V、W 连接至电机动力线,PE 连接至驱动器接地处 |
| 两处接地端口 | 接地端口 | 连接至电源地线以及电机的地线 |
| C1 | I/O 连接器端 | 连接上位控制器 |
| C2 | 机器 I/O 端口 | 连接控制 I/O |
| C3 | 编码器连接端口 | 连接电机编码器 |
| C5/C6 | RS485 连接端 | 连接上位机或其他控制器 |

**4. 位置控制模式接线**

驱动器有位置控制模式接线(脉冲指令输入)和转矩/速度控制模式接线(模拟量输入)两种方式,图 6-7 是位置控制模式的标准接线图。

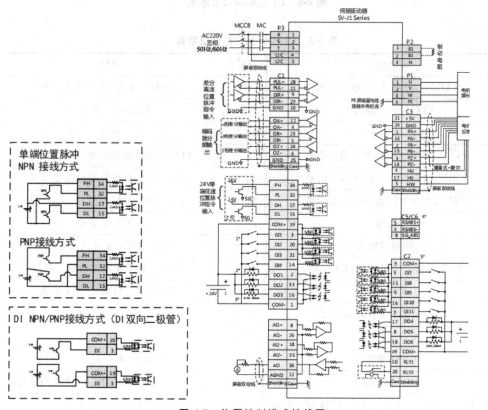

图 6-7　位置控制模式接线图

注:1*—DI 输入,可由控制参数选择 SON、ACLR、HST、HSW、POT、NOT、EMGS 等功能。2*—DO 输出,可由控制参数选择 SRDY、ALM、BRK、PHF、INP、HAT、WARN 等功能。3*—DI 输入,/DO 输出由外部提供 24 V 电源。4*—C5/C6 为 RS485 通信接口,可分别连接至上位机软件或上位控制器。5*—C2 中 COM＋/COM－,在驱动器内部已与 C1 中 COM＋/COM－连接。

### 6.2.3 控制接口配线与引脚说明

**1. C1 控制接口**

C1 控制接口如图 6-8 所示,对应的功能说明见表 6-2。

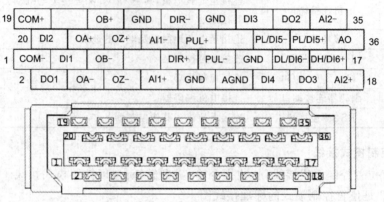

图 6-8 C1 控制接口示意图

表 6-2 C1 控制接口功能说明表

| 引脚 | 功能 | 引脚 | 功能 |
|---|---|---|---|
| 1 | COM−:外部 24 V 电源负极 | 19 | COM＋:外部 24 V 电源正极 |
| 2 | DO1:数字输出 1 | 20 | DI2:数字输入 2 |
| 3 | DI1:数字输入 1 | 21 | 保留 |
| 4 | OA−:等效编码器差分输出信号 | 22 | OA＋:等效编码器差分输出信号 |
| 5 | OB−:等效编码器差分输出信号 | 23 | OB＋:等效编码器差分输出信号 |
| 6 | OZ−:等效编码器差分输出信号 | 24 | OZ＋:等效编码器差分输出信号 |
| 7 | 保留 | 25 | GND:数字地 |
| 8 | AI1＋:模拟量输入 1 正端 | 26 | AI1−:模拟量输入 1 负端 |
| 9 | DIR＋:差分脉冲方向输入正端 | 27 | DIR−:差分脉冲方向输入负端 |
| 10 | GND:数字地 | 28 | PUL＋:差分脉冲输入正端 |
| 11 | PUL−:差分脉冲输入负端 | 29 | GND:数字地 |
| 12 | AGND:模拟地 | 30 | 保留 |
| 13 | GND:数字地 | 31 | DI3:数字输入 3 |
| 14 | DI4:数字输入 | 32 | PL/ DI5−:单端脉冲输入/快速 DI5 负端 |
| 15 | DL/DI6−:单端脉冲方向输入/快速 DI6 负端 | 33 | DO2:数字输出 2 |
| 16 | DO3:数字输出 3 | 34 | PH/DI5＋:单端脉冲输入/快速 DI5 正端 |
| 17 | DH/DI6＋:单端脉冲方向输入/快速 DI6 正端 | 35 | AI2−:模拟量输入 2 负端 |
| 18 | AI2＋:模拟量输入 2 正端 | 36 | AO:模拟量输出 |

## 2. C2 扩展控制接口

C2 扩展控制接口如图 6-9 所示。

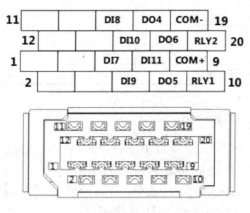

图 6-9　C2 扩展控制接口示意图

## 3. C3 编码器接口

C3 编辑器接口如图 6-10 所示,对应的功能说明见表 6-3。

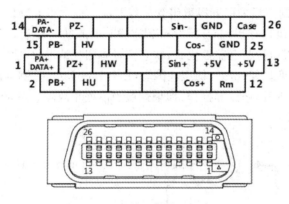

图 6-10　C3 编码器接口示意图

表 6-3　C3 编码器接口功能说明表

| 引脚 | 功能 | 引脚 | 功能 |
|---|---|---|---|
| 1 | PA+:增量编码器 | 10 | Cos+:模拟量编码器正端 |
| | DATA+:多摩川协议 data+ | 11 | +5 V:5 V 电源 |
| 2 | PB+:增量编码器 | 12 | Rm:电机温度检测(电阻) |
| 3 | PZ+:增量编码器 | 13 | +5 V:5 V 电源 |
| 4 | HU:霍尔 U | 14 | PA−:增量式编码器 |
| 5 | HW:霍尔 W | | DATA−:多摩川协议 data− |
| 6 | 保留 | 15 | PB−:增量编码器 |
| 7 | 保留 | 16 | PZ−:增量编码器 |
| 8 | 保留 | 17 | HV:霍尔 V |
| 9 | Sin+:模拟量编码器正端 | 18 | 保留 |

| 引脚 | 功能 | 引脚 | 功能 |
|---|---|---|---|
| 19 | 保留 | 23 | Cos－:模拟量编码器负端 |
| 20 | 保留 | 24 | GND:数字地 |
| 21 | 保留 | 25 | GND:数字地 |
| 22 | Sin－:模拟量编码器负端 | 26 | Case:屏蔽层 |

### 6.2.4 操作与显示界面介绍

控制面板示意图如图 6-11 所示,共有五个键:MODE、UP、DOWN、SHIFT、SET。各键的功能定位如下:MODE 主要用于功能码组依次切换、返回上一层菜单;UP、DOWN 主要用于对当前闪烁位进行增、减修改;SHIFT 主要用于移位,改变当前需要修改的数位;SET 则主要用于保存修改、进入下一级菜单。此外,SHIFT 有长按功能,当需要显示多于 5 位数码管的内容,此功能可用于翻页。

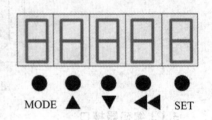

图 6-11 控制面板示意图

如图 6-12 所示,控制面板采用五段数码管进行显示。对于当前操作位,会闪烁显示在控制面板上(图 6-13)。当修改保存后,会显示"done"字样。伺服初始化后,面板将相应状态变量显示出来,表示进入了伺服运行状态监控模式,状态变量有四种情况:伺服准备好状态(rdy)、伺服使能状态(run)、伺服未准备好(nrd)、伺服故障态(Err)。按 MODE 键可以退出状态监控模式,进入参数模式进行参数查看、修改等操作;如果伺服当前处于故障状态,先按 SET 键确认,再按 MODE 键退出监控模式。

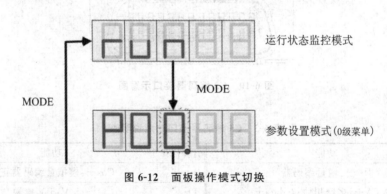

图 6-12 面板操作模式切换

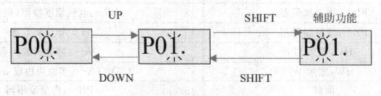

图 6-13 功能码组切换

上电初始化时 LED 显示状态不定,复位完成如果显示"nrd"(未准备好),请检查伺服的配线和驱动器是否完好;如果系统检测无误最终会显示"rdy",表示伺服已经准备好,正在等待伺服使能信号有效；伺服使能信号有效之后显示"run"。若想查看伺服的变量状态，需要按 MODE 键切换到监视组功能码 Un0 组选择相应的功能码。

显示参数操作实例如图 6-14。Un0 组为伺服状态类显示参数，通过按 MODE 键选择进入 Un0 组，选择相应的功能码就能显示出对应状态变量的当前值。如查看当前速度值，翻至 Un0.02，按 SET 键，显示出"−0800"，即当前转速为−800 r/min。

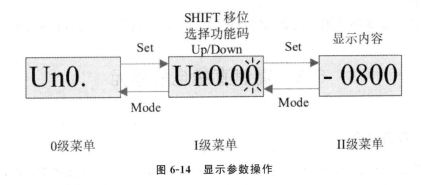

图 6-14　显示参数操作

### 6.2.5　操作模式选择及部分参数功能说明

**1. P02.00**

P02.00 用于选择控制模式，其初始值为 2。设置值有以下几种：

0：转矩模式；1：速度模式；2：位置模式；3：位置模式/速度模式（Cmode 切换）；4：速度模式/转矩模式（Cmode 切换）；5：位置模式/转矩模式（Cmode 切换）。

通过参数选择伺服驱动器的控制方式，在模式切换过程中，用 DI 端子来进行不同模式的切换，DI 的端子逻辑可通过相应功能进行选择。

**2. P02.01**

P02.01 用于旋转方向选择，其初始值为 0。设置值有以下几种：

0：以 CCW 方向为正转，从电机轴侧看，电机轴逆时针旋转；1：以 CW 方向为正转，从电机轴侧看，电机轴顺时针旋转。

**3. P05.15**

P05.15 用于控制指令脉冲形态，其初始值为 0。

对于 Bit0～Bit3，设置值有 3 种：0 为脉冲＋方向；1 为 AB 相正交；2 为 CW＋CCW。对于 Bit4，设置值有 2 种：0 为正逻辑信号；1 为负逻辑。

**4. P03.02**

P03.02 用于选择 DI1 端子功能，其初始值为 0。设置值有以下几种：

0：未选择；1：伺服使能；2：清除故障；3：指令方向取反；4：回零启动；5：回零开关；6：正限位开关；7：负限位开关；8：脉冲偏差清除；9：脉冲禁止；10：零速钳位；11：紧急停止；12：控制模式切换；13：回零，完成启动误差补偿；14：正转外部转矩限制；15：反转外部转矩限制；16～30：保留。

**5. P03.03**

P03.03 用于选择 DI1 端子功能，其初始值为 0。设置值有以下几种：

0：低电平有效；1：高电平有效；2：上升沿有效；3：下降沿有效；4：上升沿下降沿均有效。

**6. P04.00**

P04.00 用于选择 DO1 端子功能,其初始值为 1。设置值有以下几种:

0:未选择;1:伺服准备好;2:故障输出信号;3:抱闸输出信号;4:换向完成信号;5:定位完成信号;6:速度一致;7:速度限制;8:零速度检出;9:保留;10:回零完成信号;11~12:保留;13:转矩限制;14:警告输出。

**7. P04.01**

P04.01 用于选择 DO1 端子功能,其初始值为 0。0:低电平有效;1:高电平有效。

# 6.3 高速直线电机单元

## 6.3.1 设备简介

高速直线电机单元工站的外形尺寸为 700 mm×850 mm×1900 mm,集电机控制技术与气动控制技术于一体,它主要由机架单元、电控盘单元、人机交互单元、气缸组合单元、气动控制单元组成,见图 6-15。本工站主要完成零件的搬运装配工作。

本工站能够满足"气压传动与控制""PLC 原理及应用""台达 PLC 编程技术""电子设计自动化 EDA"等相关课程的实训教学要求。高速直线电机单元采用行业内先进直线电机技术,在设计中,需结合工厂实际生产情况和直线电机应用特性,充分体现直线电机在运动定位方面的优势,并能够反映出典型的实际工业生产中直线电机的应用,能清楚地反映工厂生产线中的运动控制环节等,全方位培养学生在直线电机方面的选型、结构设计、运动控制等综合应用能力。

高速直线电机单元的主要特点如下。

(1)采用直线电机、伺服电机、步进电机多品牌电机联合控制。

(2)运动过程中,能够通过人机界面直观实时监测各电机当前所在位置以及当前运行状态,实时掌握机台运行状态及生产状况。

(3)具有半自动模式、手动模式、自动模式三种实训模式。

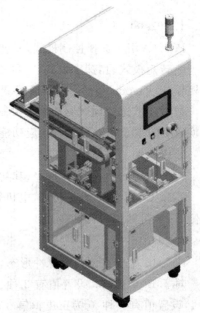

图 6-15 高速直线电机模型

## 6.3.2 技术参数

高速直线电机单元的基本参数如下。

电源电压:AC220 V。

电源功率:0.15 kW。

气源:0.5~0.7 MPa。

工作温度:室温(10~30 ℃)。

工作湿度:20%～85%(无冷凝)。

根据要求,设备外形尺寸设计为 700 mm×850 mm×1900 mm。

**1. 设备机架**

设备机架采用方钢焊接,钣金护罩采用光亮白色烤漆平板,底部支撑使用 4 个可 360°自由旋转脚轮,方便机器移动,自由组合;机架大板采用 6061-T6 制作,支撑整个结构系统。

(1)门板:材质选用透明 PC,冲击强度达到 54 kJ/m²,断裂伸长率为 64%,拉伸强度为 64 MPa,连续使用湿度为－40%/＋130 ℃,密度为 1.2 g/cm³,热变形温度为 137 ℃。

(2)机架:采用 50 mm×50 mm 方钢焊接。

(3)钣金外壳:平板采用光亮白色烤漆制作,保证其防锈功能和美观效果。

(4)底部支撑:品牌选择米思米,GD-100F 型号,其特点是使用 4 个可 360°自由旋转脚轮,既可稳固定位,又可灵活移动。

(5)机架大板:使用 6061 铝合金(品牌:裕昌铝业)制作。

**2. 电控盘单元**

电控盘单元主要由漏电断路器、断路器、开关电源、PLC、驱动器、继电器、端子排、接地铜条、短接片、辅助线材组成。

(1)漏电断路器、断路器均采用正泰品牌(型号:DZ47LE-2P_6A、DZ47-2P_3A)。

(2)开关电源采用明纬品牌(型号:NES-100-24 24V_4.5A)。

(3)PLC 选用台达品牌(型号:DVP24ES00R2),其余参数如下。

通信端口:RS232/RS485/以太网。

I/O 点位:24 点数字量输入、16 点数字量输出。

输出类型:继电器输出。

电源规格:AC(100～240)V。

程序容量:16 KB 以下。

CPU 处理速度:0.065 $\mu$s/基本指令。

外形尺寸:212 mm×90 mm×82 mm。

(4)继电器采用欧姆龙品牌(型号:G6B-4BND)。

(5)端子排采用天得品牌(型号:TBR-10)。

(6)接地铜条、短接片采用天得品牌,极限电流为 10 A。

**3. 人机交互单元**

人机交互单元主要由触摸屏、按钮、指示灯组成。

(1)触摸屏品牌选用广运成(型号:GYC1701Q0)。

通信端口:15-pin D 型 VGA 接口、O 型 Vedio 接口、RS-232 接口、USB 接口、RS485 接口。

尺寸:17 寸(43.18 mm)。

分辨率:1280×1040。

显示色彩:65536 色 TFT。

内部存储器:64 MB。

内存 ROM:128 MB。

工作电压:直流 24 V。

外形尺寸:272 mm×200 mm×61 mm。

操作温度:0~50 ℃。

工作湿度:10%~90%RH(无冷凝)。

存储温度:−20~60 ℃。

(2)按钮采用天得品牌,具体型号对应如下。

启动按钮:TN2BFG-1A。

复位按钮:TN2BFY-1A。

急停按钮:TN2BKR-2B。

(3)三位旋转按钮采用天得品牌,型号为 TN2IS47W-L3A。

(4)三色灯采用天得品牌,型号为 OYL-3CDF60A-A。

**4. 运动单元**

运动单元主要直线电机、伺服电机、步进电机、伺服驱动器组成。

1)直线电机

品牌:灵猴,BFM12030 型。

类型:S 型。

负载:25 kg

最大速度:2000 mm/s。

环境温度:0~40 ℃(无冻结)。

2)伺服电机

品牌:三菱,HG-KN13BJ-S100 型。

功率:100 W。

额定电流:1.3 A。

额定扭矩:0.64 N/m。

转速:3000 r/min。

环境温度:0~40 ℃(无冻结)。

其他:键槽,有刹车。

3)步进电机

品牌:雷赛,57HS22-A 型。

电机额定电流:3.0 A。

定位转矩:0.90 N·m。

步距角:1.8°。

步距精度:±0.5%(整步、空载)。

温升:80 ℃。

环境温度:−20~50 ℃。

4)伺服驱动器

品牌:三菱,MR-JE-10A 型。

电源电压及频率:三相或单相 AC(200~240) V,50/60Hz。

额定电流:4.5 A。

适配电机:100 W 伺服。

控制模式:位置/速度/扭矩。

主回路控制方式:SVPWM 控制。

工作环境温度:0～55 ℃。

5)步进驱动器

品牌:雷赛,DM542 型。

峰值电流:0.5～3.2 A。

电压:DC(15～40) V。

适配电机:外径 42～86 mm 的各种型号的两相混合式步进电机。

控制信号:差分。

**5. 气动执行模块**

高速直线电机单元的气动执行模块包括无杆气缸、滑块治具气缸、滑台气缸、侧滑轨气缸、迷你气缸、夹爪气缸等多种类型,每种气缸的技术参数各有区别,见表 6-4。

表 6-4　不同类型气缸的参数

| 无杆气缸 | | |
|---|---|---|
| 品牌 | 型号 | 参数 |
| 金器 | MCRPM-25-730 | 缸径:25 mm |
| | | 行程:730 mm |
| | | 使用流体:空气 |
| | | 工作压力:0.16～0.7 MPa |
| | | 活塞速度:50～500 mm/s |
| | | 工作温度:5～60 ℃ |
| | | 配管口径:Rc1/8 |
| | | 耐压力:1 MPa |
| | | 动作方式:复动式 |
| | | 磁石保持力:363 N |

| 滑块治具气缸 | | |
|---|---|---|
| 品牌 | 型号 | 参数 |
| 气立可 | JTD50-40 | 缸径:50 mm |
| | | 行程:40 mm |
| | | 使用流体:空气 |
| | | 工作压力:0.1～1.0 MPa |
| | | 工作温度:-20～80 ℃ |
| | | 活塞速度:30～500 mm/s |
| | | 动作方式:复动式 |
| | | 耐压力:1.5 MPa |

先进智能制造技术

| 迷你气缸 | | |
|---|---|---|
| 品牌 | 型号 | 参数 |
| 亚德客 | MI10-60 | 缸径:10 mm |
| | | 行程:60 mm |
| | | 动作方式:复动式 |
| | | 使用流体:空气 |
| | | 工作压力:0.1~1.0 MPa |
| | | 工作温度:−20~70 ℃ |
| | | 活塞速度:30~800 mm/s |
| | | 耐压力:1.5 MPa |
| | | 配管口径:M5×0.8 |
| 金器 | MCMA-11-20-200 | 缸径:20 mm |
| | | 行程:200 mm |
| | | 动作方式:复动式 |
| | | 使用流体:空气 |
| | | 工作压力:0.05~1.0 MPa |
| | | 工作温度:−5~60 ℃ |
| | | 活塞速度:50~500 mm/s |
| | | 耐压力:1.5 MPa |
| | | 配管口径:M5×0.8 |
| 亚德客 | MI10-65 | 缸径:10 mm |
| | | 行程:65 mm |
| | | 动作方式:单动式 |
| | | 使用流体:空气 |
| | | 工作压力:0.1~1.0 MPa |
| | | 活塞速度:30~800 mm/s |
| | | 工作温度:−20~70 ℃ |
| | | 耐压力:1.5 MPa |
| | | 配管口径:M5×0.8 |
| 气立可 | SBA10-70 | 缸径:10 mm |
| | | 行程:70 mm |
| | | 使用流体:空气 |
| | | 工作压力:0.1~0.7 MPa |
| | | 工作温度:−10~60 ℃ |
| | | 活塞速度:50~750 mm/s |
| | | 动作方式:单动式 |
| | | 配管口径:M5×0.8 |

| 品牌 | 型号 | 参数 |
|---|---|---|
| 气立可 | SBA10-70 | 磁石装置:附感应磁石 |

滑台气缸

| 品牌 | 型号 | 参数 |
|---|---|---|
| 金器 | MCSS-8-40 | 缸径:8 mm |
| | | 行程:40 mm |
| | | 使用流体:空气 |
| | | 工作压力:0.15~0.7 MPa |
| | | 工作温度:−5~60 ℃ |
| | | 耐压力:1 MPa |
| | | 配管口径:M5×0.8 |
| | | 磁石装置:附感应磁石 |
| 气立可 | MDX8-40 | 缸径:8 mm |
| | | 行程:40 mm |
| | | 使用流体:空气 |
| | | 工作温度:0~60 ℃ |
| | | 耐压力:1 MPa |
| | | 配管口径:M5×0.8 |
| | | 磁石装置:附感应磁石 |
| | | 动作方式:复动式 |
| | | 最大作用力:0.95 MPa |

侧滑轨气缸

| 品牌 | 型号 | 参数 |
|---|---|---|
| 亚德客 | HLH16-40 | 缸径:16 mm |
| | | 行程:40 mm |
| | | 动作方式:复动式 |
| | | 使用流体:空气 |
| | | 工作压力:0.06~0.7 MPa |
| | | 工作温度:−20~70 ℃ |
| | | 速度:50~500 mm/s |
| | | 耐压力:1.05 MPa |
| | | 配管口径:M5×0.8 |
| | | 磁石装置:附感应磁石 |

| 夹爪气缸 | | |
|---|---|---|
| 品牌 | 型号 | 参数 |
| SMS | MHZ2-16D | 缸径:16 mm |
| | | 行程:40 mm |
| | | 动作方式:复动式 |
| | | 使用流体:空气 |
| | | 工作压力:0.1~0.7 MPa |
| | | 工作温度:−10~60 ℃ |
| | | 耐压力:1.0 MPa |
| | | 配管口径:M5×0.8 |
| | | 磁石装置:附感应磁石 |
| | | 最高使用频率:180 次/min |

**6.气动控制单元**

此单元主要由三联件、电磁阀(两位两通、两位三通、两位五通、三位五通)、节流阀、真空发生器、负压表、真空吸盘、汇流板、手滑阀、消声器组成。

具体型号如下:

1)三联件

品牌:亚德客。

型号:GFC-300-10。

2)电磁阀

品牌:亚德客。

型号:4V210-06-DC24V、4V230-06-DC24V。

3)节流阀

品牌:亚德客。

型号:ASL6-M5、APA6、APC6-01。

4)真空发生器

品牌:亚德客。

型号:EV20。

5)负压表

品牌:松下。

型号:DP101。

6)真空吸盘

品牌:SMC。

型号:MVPTN20。

7)汇流板

品牌:亚德客。

型号:200M10F。

8)手滑阀

品牌:亚德客。

型号:HSV10。

9)消声器

品牌:亚德客。

型号:BSL02。

## 6.3.3　设备操作

**1.设备开机流程**

1)开机之前

检查设备状态,主要包含以下注意事项:

(1)气源检查:检查三联件部分,查看气压表是否正常。

(2)电源检查:检查断路器部分,是否正常供电,如果正常供电则插卡取电。

2)设备运行前

设备运行前主要包括以下几个注意事项:

(1)启动插卡取电后方可进入登录系统。

(2)物料检查:设备运行前检查设备上是否存在物料,如果有物料剩余不可直接进行操作,需手动取下物料后再进行相关操作。

注意:

(1)取下剩余产品时应一个人操作触摸屏,另一个人手扶住产品以免摔坏产品。

(2)运动干涉检查:设备启动前检查是否存在干涉情况,如果存在需按照操作手册进行相关处理。

(3)设备状态检查完成后,进入自动模式进行复位操作,等待复位完成。

(4)补充物料并启动程序,完成设备的准备工作。

**2.设备操作模式**

1)自动控制模式

在自动控制模式下,设备按照程序进行自动化操作,而操作人员只需要监管设备运行即可。

2)手动调试模式

在手动模式下,可以进行设备的单步操作,如气缸的运动、真空吸等功能,同时还可以与流水线相通信完成指定工作。

**3.设备报警处理办法**

在设备启动或运行的过程中时常会出现一些报警提示信息。该报警信息通过三色灯和蜂鸣器的方式给操作人员以初步的故障提示,以便工作人员处理。

简单的设备报警信息及处理办法：

（1）当设备报警时首先应查看设备周围是否有因人员操作不当而产生的事故，如果有应当及时按下急停按钮，并及时解决，避免更严重的事故发生。

（2）当设备发出报警信息后应及时观察屏幕界面，按照提示信息定位故障位置，并及时处理。

A. 门禁开关报警：当报警信息提示为"门禁异常"时，先检查是否有门未关闭，如果所有门在关闭状态仍显示"门禁异常"，则需要进一步检查"I/O界面"查看门禁信息，检查门禁开关是否异常。

B. 气源报警：检查吸盘是否准确吸取物料，是否存在空吸情况。

C. 补充物料报警：检查物料盘上是否物料充足或是否有物料放反情况发生。

D. 气缸延时报警：气缸在行动过程中未到达指定位置。

当设备出现以上的报警信息，可通过报警信息检查错误根源，解决问题并清除报警信息，继续启动设备。

# 6.4 高速直线电机操作指南

## 6.4.1 设备上电

第一步：将电门开关置于 ON 状态。

电门开关控制的是设备与外部电源的连接，是设备的总控开关。一端连接外部电源，一端连接电控盘上的漏电断路器，此开关闭合后设备与外部电源接通。所以设备上电的第一步要将其置于 ON 状态，如图 6-16 所示。

第二步：将断路器置于 ON 状态。

断路器既能保护电路也能起到开关的作用，外部电源通过电门开关后就要流到此处，所以断路器控制的也是整个设备的电源，设备上电的第二步是将断路器置于 ON 状态，此开关闭合后总电路通电，没有额外开关的器件便全部通电。断路器位置及其 ON 状态如图 6-17 所示。

图 6-16　电门开关 ON 状态

图 6-17　断路器 ON 状态

关机步骤:将断路器置于 OFF 状态,然后将电门开关置于 OFF 状态。

## 6.4.2　设备手动/自动运行

**1.设备自动运行**

第一步:设备复位。

上电后需要使设备初始化,首先要将设备调至手动状态,然后按下操作台上的复位按钮,完成复位操作,如图 6-18 所示。

第二步:设备调为自动状态。

设备复位完成后就具备了自动运行的条件,这时要将设备调至自动状态,如图 6-19 所示。

图 6-18　设备复位按钮

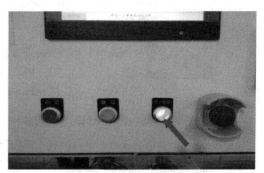

图 6-19　设备自动状态

第三步:设备启动。

设备复位完成,并且设备处于自动状态,这时只需按下启动按钮,即可完成设备自动运行启动,如图 6-20 所示。

**2.手动调试**

第一步:将设备调至手动状态。

首先将手/自动开关拨到手动挡位,如图 6-21 所示。

图 6-20　启动按钮

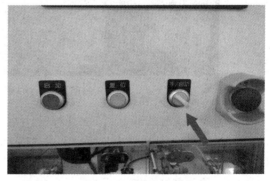

图 6-21　设备手动状态

第二步:进入导航界面。

点击主界面上的导航界面按钮,进入导航界面,如图 6-22 所示。

第三步:进入"DO 调试--气缸"界面。

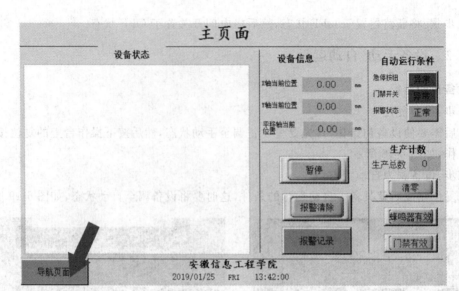

图 6-22　导航界面按钮

进入导航界面后,选择"手动调试"模块下的"DO 调试—气缸",如图 6-23 所示。

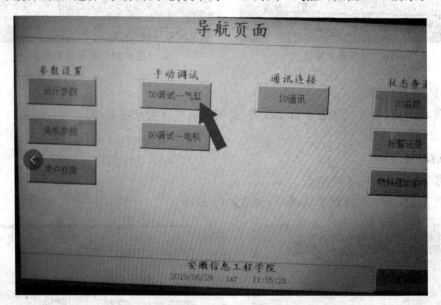

图 6-23　DO 调试界面按钮

第四步:操作滑台气缸 1、2、3 功能按钮。

本设备的动作由气缸和电机组合完成,"DO 调试"界面如图 6-24 所示,调试界面第一个控制对象即为滑台气缸 1、2、3,如图 6-25 所示。

第五步:顶升气缸动作。

顶升气缸有两个动作,一个是初始位,另一个是工作位,顶升气缸调试按钮如图 6-26 所示,顶升气缸如图 6-27 所示。

第六步:迷你气缸 1、2、3 动作。

迷你气缸主要功能为伸出将物料推到指定位置。迷你气缸调试按钮如图 6-28 所示,迷你

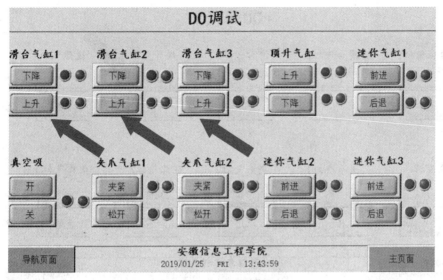

图 6-24　"DO 调试"界面

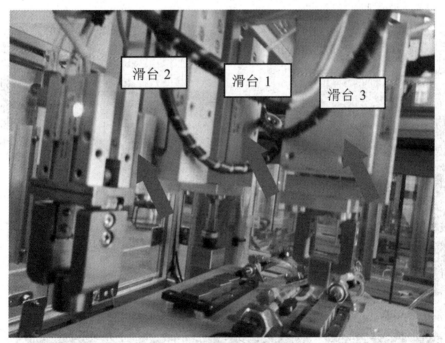

图 6-25　滑台气缸 1、2、3

气缸如图 6-29 所示。

第七步：夹爪气缸 1、2 动作。

夹爪气缸的主要作用是夹取物料，取料位夹紧，放料位松开。夹爪气缸 1、2 调试按钮如图 6-30 所示，夹爪气缸如图 6-31 所示。

注意：夹爪气缸空夹会报警，报警时必须手动松开。

第八步：真空吸。

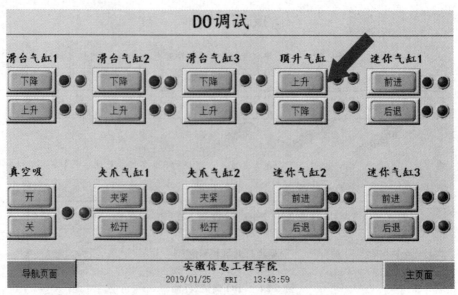

图 6-26　顶升气缸调试按钮

图 6-27　顶升气缸

真空吸的主要作用是吸取物料,取料位真空吸打开,放料位真空吸关闭。真空吸调试按钮如图 6-32 所示,真空吸如图 6-33 所示。

第九步:密码输入,参数设置。

触摸屏刚开机时,第一次进入需要输入密码(初始密码:12345678),输入 1 次即可。参数设置如图 6-34 所示。

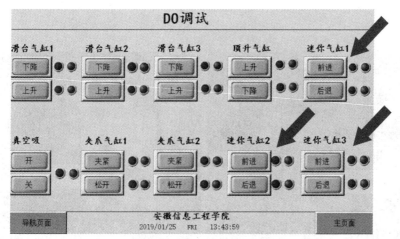

图 6-28　迷你气缸调试按钮

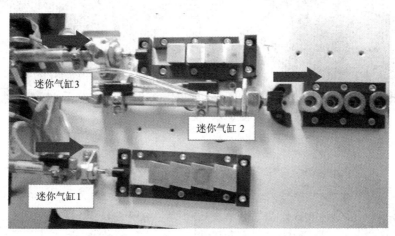

图 6-29　迷你气缸

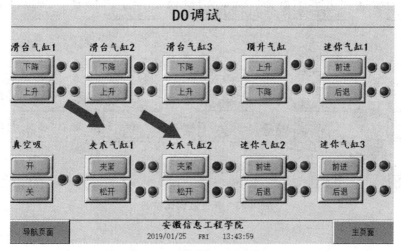

图 6-30　夹爪气缸调试按钮

图 6-31　夹爪气缸

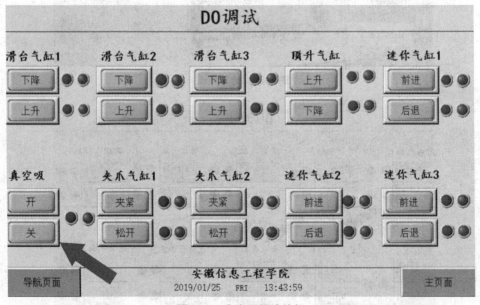

图 6-32　真空吸调试按钮

图 6-33　真空吸

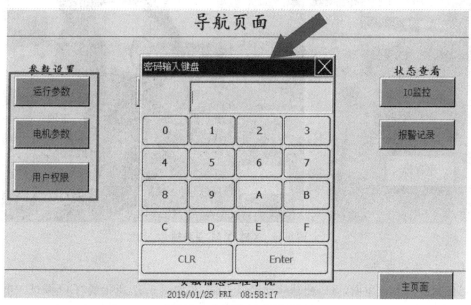

图 6-34　密码输入，参数设置

第十步：进入"DO 调试--电机"界面。

本设备一共有三个轴——X 轴、Y 轴、平移轴。如图 6-35 所示，进入"DO 调试--电机"界面后，可见有 X 轴、Y 轴、平移轴图标，及其移动按钮，通过这六个图标可以移动 X 轴、Y 轴、平移轴。

X 轴、Y 轴、平移轴如图 6-36 所示。

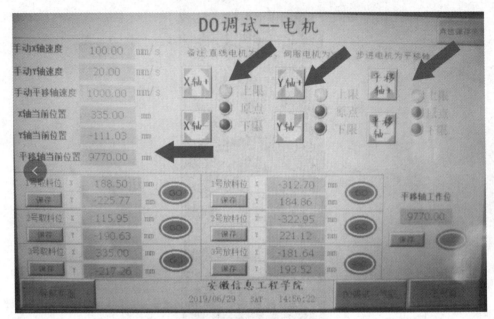

图 6-35　宽型夹爪气缸调试按钮

图 6-36　X 轴、Y 轴、平移轴

第十一步：点位移动。

在已经保存的点位里面，可以使轴移动到该点位，在如图 6-37 所示的"DO 调试--电机"界面中，可以看到点位信息，每一个点位后面都有一个"GO"按钮，点击此按钮可以移动到相应点位。

第十二步：点位修改。

当点位出了问题需要重新定位时，就要修改点位了，首先将对应的夹爪或吸盘移动到自己想要的位置，然后根据此时 X、Y 轴当前的位置，来修改点位。修改点位时，可以直接修改电机数值，然后输入此时 X、Y 轴的位置；也可以将右上角的点位保存有效打开，直接按下对应位置"保存"按钮即可，如图 6-38 所示。平移轴的点位修改方法同上，不再赘述。

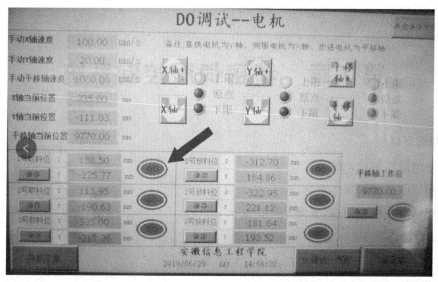

图 6-37　点位移动图标

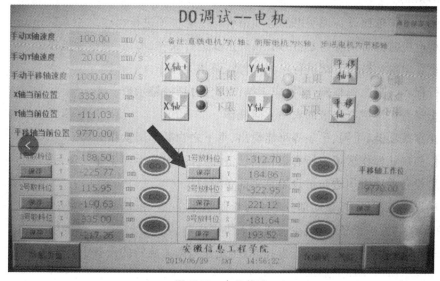

图 6-38　点位修改

# 第7章 精密伺服控制系统

📖 **知识目标**

(1)了解伺服控制技术的基本规范。

(2)了解伺服系统的基本概念。

(3)了解伺服系统的结构、分类及其特点。

📚 **能力目标**

(1)能够理解伺服系统的结构及各部分的作用。

(2)能够理解各种伺服系统的特点。

▶▶▶ **基本规范**

(1)操作人员须依照设备说明书的各项指引与注意事项进行操作。

(2)启动电机时应特别观察是否另有人员正在进行保养、清洁、调整等操作。

(3)禁止在电机运转中尝试进行保养、清洁、调整等操作。

(4)进行保养、清洁、调整操作时,应于操作机台边悬挂警示牌。

(5)禁止穿着松垮或有飘带的衣物上岗操作。

(6)禁止穿戴项链、手镯、手表等可能滑出、垂下之物品上岗操作。

(7)操作前确认操作区域内所有杂物均已清除,保持操作地面干燥无油污。

(8)开启设备前检查周边防护设施是否准备到位。

(9)移动设备或部件时,移动部分不可有松脱物体,配管、配线等应束紧固定。

(10)在调试和维护设备时,至少需要两人协同作业。

(11)操作人员如有长发,需将长发扎起,防止卷入高速旋转的设备中。

## 7.1 工 作 流 程

精密伺服控制系统完成 3 组零件的供料-输送-装配环节的功能,实现把 3 组零件精确地组装到工装载具的板面上。该单元的具体操作或工作流程如图 7-1 所示。

精密伺服控制系统流程由操作流程、复位流程、运输流程三部分构成。操作流程,主要是系统启动准备的操作过程。复位流程通过系统面板完成供料复位、伺服系统的三轴复位找零点和三轴到达机械零点位置等过程,如图 7-2 所示。运输过程,是把加工单元的零件运输到输送线上方并组装的过程,如图 7-3 所示。

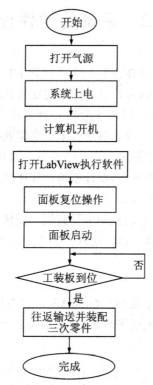

**图 7-1　精密伺服控制系统的操作流程**

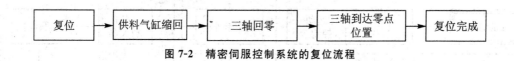

**图 7-2　精密伺服控制系统的复位流程**

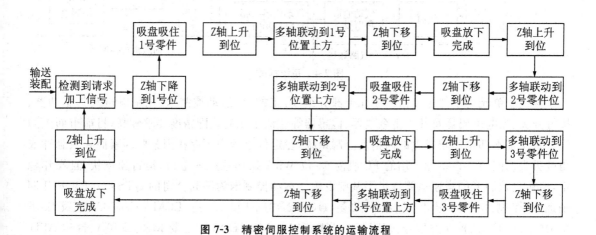

**图 7-3　精密伺服控制系统的运输流程**

# 7.2 系统的硬件设计

随着现代科技的发展,伺服电机在各个产业都得到了广泛应用,也越来越多地运用到众多领域。现代化的机电一体化产物,都对产品的定位精度或者动态响应速度要求比较高。随着生产领域的自动化程度越来越高,传统的数字运动控制方式已经越来越不能满足人们的实际需求,传统的运动控制方式大多以微机或者单片机来实现位置控制,操作电路设计复杂,最致命的是运行速度和计算效率已经远远不能满足当今的需求。尤其是近年来的工业发展,使得我们在运动控制的速度和精度上需求越来越高,设计新型计算速度高效、电机速度满足严格需求、位置要求精密的运动控制系统已经刻不容缓。

本节以固高科技 GT-400-PV 运动控制卡及其端子板作为硬件基础,采用 LabView 软件程序来实现伺服电机的同步精确运动控制。这种控制方法的关键是软件程序。

## 7.2.1 系统组成

系统整体由工控机运动控制系统(包含 LabView 组态软件、运动控制卡)、气路通道、伺服执行控制系统(伺服放大器、伺服电机闭环系统)及各类主令电器、传感器等构成。系统框图见图 7-4,系统布局图见图 7-5。

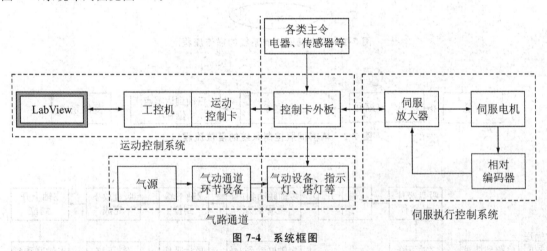

**图 7-4 系统框图**

该伺服单元的硬件主要由下面几个部分组成:工控机、运动控制卡、伺服电机及其驱动器、接触开关、光电编码器及各类主令电器、传感器等。该单元的装配精度要求较高,目前市面上的伺服系统基本都是比较成熟的高精度控制系统,在定位过程中不存在因某些因素而导致脉冲或角度丢失的问题。该单元选用的 PC 机为 64 位 Win7 操作系统的主机,运行速度快,且操作稳定,给运动控制卡的高速运算提供了基础设施。运动控制卡为固高公司的 GTS-400-PV-PCI 四轴运动控制卡。伺服电机选择三菱 HG-KN43J-S100、台达 ECMA-C20602ES 及松下 MSMJ042G1U 三种典型型号,伺服驱动器选择三菱 MR-JE-10A、三菱 MR-JE-40A、台达 ASD-B2-0121-B 或松下 MBDKT2510E。上位机控制硬件由主机和运动控制卡组成,运动控制卡插在主机的 PCI 卡槽上。然后由主机作"中转站",进行信息流与数据量的运算与管理。再由 PCI

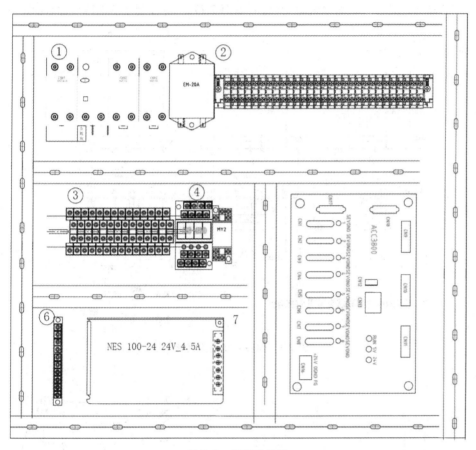

**图 7-5　系统布局图**

运动控制卡引出接线,外接端子板,端子板上可连接编码器、电机驱动器及其接触开关,由此实现各机电元件与 PCI 的连接,如图 7-6 所示。

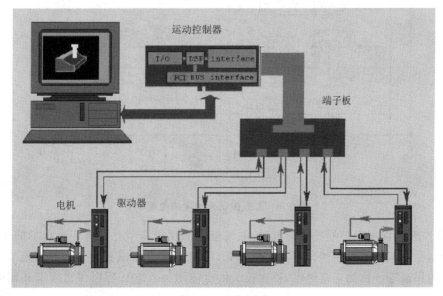

**图 7-6　系统组成**

145

该系统的动力设计包括伺服系统电力线路(见图 7-7)、工业控制系统电路线路(见图 7-8)等。

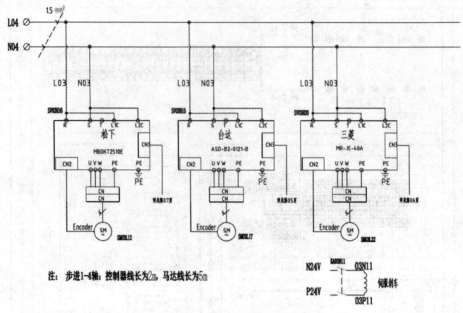

图 7-7 伺服系统电力线路

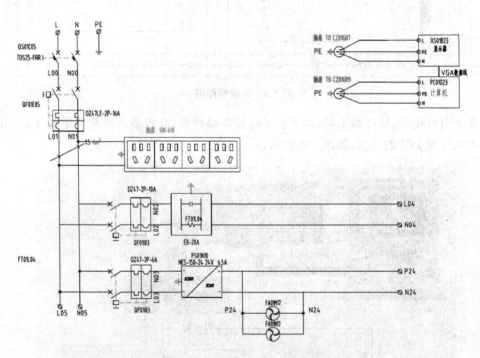

图 7-8 工业控制系统电路线路

系统由空开和漏电保护器控制总电源,电气柜内部比较狭窄并且有较大功率的设备,为保证良好散热,在系统启动时应同时启动两个 FA01M17 风扇。因电源污染会导致板卡和伺服工作不正常,为保证端子板的正常供电,特在板卡供电前端加入电抗器以保证板卡和伺服系统的可靠性。

每个伺服动力系统均有电机动力线和控制部分电源线,伺服的 CN2 节编码器集成线束,电源的 U、V、W 端接伺服电机图。

## 7.2.2　伺服系统

伺服系统(servomechanism)又称随动系统,是用来精确地跟随或复现某个过程的反馈控制系统。它的主要任务是按控制命令的要求,对功率进行放大、变换与调控等处理,控制驱动输出的力矩、速度和位置等信息。在很多情况下,伺服系统专指被控制量(系统的输出量)是机械位移或位移速度、加速度的反馈控制系统,其作用是使输出的机械位移准确地跟踪输入的位移,其结构组成和其他形式的反馈控制系统没有原则上的区别。伺服系统最初用于国防军工,如火炮的控制,船舰、飞机的自动驾驶,导弹发射等,后来逐渐推广到国民经济的许多部门,如自动机床、无线跟踪控制等。

伺服系统是使物体的位置、方位、状态等输出被控制量能够跟随输入目标(或给定量)的任意变化的自动控制系统。

**1. 伺服系统主要结构**

如图 7-9 所示,伺服系统主要由三部分组成:控制器、伺服驱动器(电机驱动器)和电动机(直线电机)。控制器根据数控系统的给定值和通过反馈装置检测的实际运行值的差,调节控制量。伺服驱动器作为系统的主回路,一方面按控制量的大小将电网中的电能作用到电动机上,调节电动机转矩的大小。另一方面按电动机的要求把恒压恒频的电网供电转换为电动机所需的交流电或直流电。电动机则按供电大小拖动机械运转。

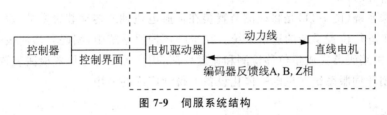

图 7-9　伺服系统结构

伺服系统的主要特点:

(1)精确地检测装置:以组成速度和位置闭环控制。

(2)有多种反馈比较方法:根据检测装置实现信息反馈的原理不同,伺服系统反馈比较的方法也不同。常用的有脉冲比较、相位比较和幅值比较三种。

(3)高性能的伺服电机(简称伺服电机):用于高效和复杂型面加工的数控机床,伺服系统将经常处于频繁的启动和制动过程中。要求电机的输出力矩与转动惯量的比值大,以产生足够大的加速或制动力矩。要求伺服电机在低速时有足够大的输出力矩且运转平稳,以便在与机械运动部分连接中尽量减少中间环节。

(4)宽调速范围的速度调节系统,即速度伺服系统:从系统的控制结构看,数控机床的位置闭环系统可看作位置调节为外环、速度调节为内环的双闭环自动控制系统,其内部的实际工作过程是把位置控制输入转换成相应的速度给定信号后,再通过调速系统驱动伺服电机,实现实际位移。数控机床的主运动对调速性能要求也比较高,因此要求伺服系统为高性能的宽调速系统。

### 2. 伺服系统分类

伺服系统的分类有很多种,从系统组成元件的性质来看,有电气伺服系统、液压伺服系统和电气-液压伺服系统及电气-电气伺服系统等;从系统输出量的物理性质来看,有速度或加速度伺服系统和位置伺服系统等;从系统中所包含的元件特性和信号作用特点来看,有模拟式伺服系统和数字式伺服系统。伺服系统是一个位置随动系统。以下重点介绍按位置检测和反馈分类、按电机类型分类、按电机的动作原理分类三种分类方法。

1)按位置检测和反馈分类

(1)开环伺服系统。

开环系统(图 7-10)由控制器送出进给指令脉冲,指令脉冲经驱动电路控制和功率放大后,驱动伺服电机转动,通过齿轮副与滚珠丝杠螺母副驱动执行部件,无须位置检测装置。该系统位置精度较低,其定位精度一般可达 $\pm 0.02$ mm,同时由于伺服电机性能的限制,开环伺服系统的进给速度也受到限制,当脉冲当量为 $0.01$ mm 时,进给速度一般不超过 5 m/min。

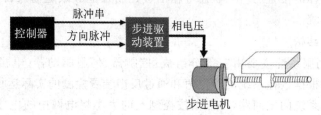

**图 7-10** 开环伺服系统结构

(2)半闭环伺服系统。

半闭环伺服系统(图 7-11)是将检测装置装在伺服电机轴或传动装置末端,通过间接测量移动部件的位移来进行位置反馈的进给系统。在半闭环伺服系统中,编码器和伺服电机是作为一个整体组装的,由编码器完成角位移检测和速度检测,用户无须考虑位置检测装置的安装问题。这种形式的半闭环伺服系统在机电一体化设备上得到广泛的采用。

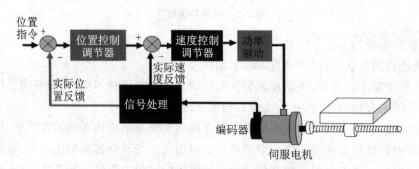

**图 7-11** 半闭环伺服系统结构

(3)闭环伺服系统。

闭环伺服系统(图 7-12)是将检测装置装在移动部件上,通过直接测量移动部件的位移来进行位置反馈的进给系统。由于采用了位置检测装置,因此闭环进给系统的位置精度在其他因素确定之后,主要取决于检测装置的分辨率和精度。

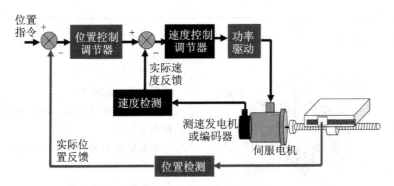

图 7-12　闭环伺服系统结构

　　闭环伺服系统可以消除机械传动机构的全部误差,而半闭环伺服系统只能补偿部分误差,因此,半闭环伺服系统的精度比闭环系统的精度要低一些。

　　闭环伺服系统和半闭环伺服系统因为采用了位置检测装置,所以在结构上较开环伺服系统复杂。另外,由于机械传动机构部分或全部包含在系统之内,机械传动机构的固有频率、阻尼、间隙等将成为系统的不稳定因素,因此,闭环系统和半闭环系统的设计和调试都较开环系统困难。

　　2)按电机类型分类

　　(1)直流伺服电机。

　　直流伺服电机分为有刷电机和无刷电机。有刷电机成本低,结构简单,启动转矩大,调速范围宽,控制容易,但需要简单的维护(换炭刷),会产生电磁干扰,对环境有要求。无刷电机体积小,重量轻,出力大,速度高,惯量小,转动平滑,力矩稳定,控制复杂,容易实现智能化,其电子换相方式灵活,可以采用方波换相或正弦波换相。

　　(2)交流伺服电机。

　　交流伺服电机是无刷电机,可以细分为同步电机和异步电机,目前运动控制中一般都用同步电机,它的功率范围大,可以做到很大的功率。交流伺服电机的最高转动速度低,且随着功率增大而快速降低,因而适用于低速平稳运行的场合。表 7-1 列出了几种常用伺服电机的对照。

表 7-1　几种伺服电机的对照

| 种类 | 结构 | 特点 |
|---|---|---|
| SM(同步)型 AC 伺服电机 | 一次侧线圈(定子侧)　检测器　永久磁铁(转子侧) | 优点:<br>1.无须维护,小型、轻量;<br>2.环境适应能力强;<br>3.可输出大转矩,输出功率变化率大。<br>缺点:<br>1.伺服放大器比 DC 电机上的略微复杂;<br>2.电机与伺服放大器必须一对一使用;<br>3.永久磁铁的磁力可能会逐渐减弱 |

| 种类 | 结构 | 特点 |
|---|---|---|
| SM(异步)型AC 伺服电机 | 一次侧线圈（定子侧）　检测器　二次导体（铝或铜）　短路环 | 优点：<br>1.无须维护；<br>2.环境适应能力强；<br>3.可输出高速、大转矩,大容量机型的效率高。<br>缺点：<br>1.小容量机型的低效率伺服放大器比 DC 电机用的略微复杂；<br>2.停电时不能发电制动；<br>3.特性随温度而波动 |
| DC 伺服电机 | 轭铁（磁轭）　电刷　永久磁铁（定子侧）　检测器　整流子　电枢线圈（转子侧） | 优点：<br>1.伺服放大器结构简单；<br>2.停电时可进行发电制动；<br>3.小容量机型价格低。<br>缺点：<br>1.必须对整流子部位进行维护和定期检查；<br>2.不能用于有洁净要求的环境；<br>3.不适于高速、大转矩场合；<br>4.永久磁铁的磁力可能会逐渐减弱 |

3)按照电机的动作原理分类

（1）旋转电机。

旋转电机是做旋转运动的电机。旋转电机的最大的特征是产生旋转力即转矩。所以,相对于体积和质量而言,直接的驱动力虽然较小但能高效率地利用,由于电机高速旋转因而能输出较大的功率,利用齿轮组进行减速则可以输出适当的转速和驱动力。

（2）线性电机。

线性电机是做直线运动的电机。线性电机的特征是电机产生的力就是测量台或者驱动器的推力。电机产生的力直接作用于测量台或者驱动器的话比较容易对其进行控制,但无法对作用于测量台或驱动器的力进行放大。鉴于以上特征,在选定电机时应多加考虑。

## 7.2.3　伺服电机的工作原理

伺服电机内部的转子是永磁铁,由驱动器控制的 U、V、W 三相电形成电磁场,转子在此磁场的作用下转动,同时电机自带的编码器反馈信号给驱动器,驱动器根据反馈值与目标值的差异调整转子转动的角度。也可以理解为：当伺服驱动器接收到上位机构的命令,把上位机构发出来的速度与距离再发给伺服电机；伺服电机接收到 100 个脉冲,会旋转 100 个脉冲的角度,同时电机自带的编码器反馈旋转的脉冲信号给驱动器,这样就和伺服电机接收的脉冲形成闭环。如此一来,系统就发了 100 个脉冲给伺服电机,同时又收了 100 个脉冲回来,实现精确的控制定位,控制精度能达到 0.001 mm。所以伺服电机的精度取决于编码器的精度（线数）。

正常情况下,电机的转速、转动的位置只取决于驱动器发送给电机的脉冲信号的频率和脉冲数。这一线性关系的存在,加上伺服电机只有周期性的误差而无累积误差等特点,使得伺服电机在速度、位置等控制领域应用非常广泛,且控制非常简单。伺服电机在自动化领域有着很广泛的应用,而且可以通过多种程序的编写去实现运动控制功能,如 C++、VB、LabView 等。

在本系统中,大体上的传动装置是依靠伺服电机的角位移转化为丝杠上的直线位移,而编码器在另一端也通过与弹性联轴器的连接使得电机、丝杠、编码器一体化。在安装过程中,要注意编码器轴与丝杠连接的同轴度,确保装置在运动过程中不会发生太大的抖动,以免对编码器的读取造成误差。

## 7.2.4 光电编码器

光电编码器也称伺服电机编码器,是安装在伺服电机上用来测量磁极位置和伺服电机转角及转速的一种传感器。编码器如以信号原理来分,有增量型光电编码器、绝对型光电编码器,二者一般都可作为速度控制系统或位置控制系统的检测元件。

光电编码器的结构如图 7-13 所示,包含光栅板(码盘)、固定光栅、发光二极管、棱镜、光敏管、旋转轴、轴承等,其工作过程可以概述为:光栅板与电动机同轴,电动机带动光栅板做旋转运动,再经光电检测装置输出若干个脉冲信号,根据该信号的每秒脉冲数便可计算当前电动机的转速。

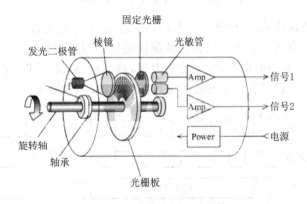

图 7-13 光电编码器的结构

光电编码器的光栅板输出两个相位相差 90° 的光码,根据双通道输出光码的状态改变量便可判断出电动机的旋转方向,工作原理如图 7-14 所示。

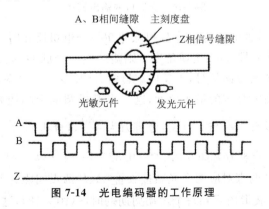

图 7-14 光电编码器的工作原理

**1. 增量型光电编码器（旋转型）**

增量型光电编码器的结构如图 7-15 所示，主要由光源、光栅板（码盘）、固定光栅（检测光栅）、光敏管（光电检测元件）和转换电路组成。光栅板边缘被等间隔地制出 $n$ 个透光槽，相邻两个透光槽的间隔代表一个增量周期，发光二极管发出的光通过棱镜使得光水平透过槽孔，检测光栅上刻有 A、B 两组与光栅板相对应的透光槽。它们的节距和光栅板上的节距相等，并且这两组透光槽错开 1/4 节距，使得光电检测器件输出的信号在相位上相差 90°。

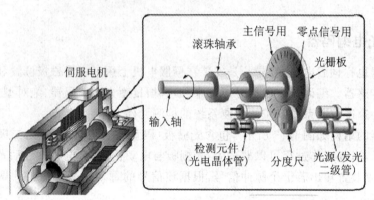

**图 7-15　增量型光电编码器结构**

当光栅板随着被测轴转动时，检测光栅不动，光线照射到检测器件上，能够检测到两组相位相差 90°的正弦波信号，再通过转换电路得到被测轴的转角或速度信息。它的优点是原理构造简单，平均机械寿命在几万小时以上，抗干扰能力强，可靠性高，适合于长距离传输。其缺点是无法输出轴转动的绝对位置信息。光栅板的输出波形如图 7-16 所示。

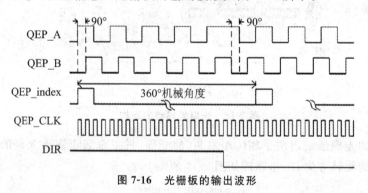

**图 7-16　光栅板的输出波形**

当电机正转时，A 相脉冲的相位超前 B 相脉冲 90°；当电机反转时，B 相脉冲超前 A 相脉冲 90°。index 信号表示每转一周（360°机械角度），则能产生一个脉冲，该脉冲称为零标志脉冲，作为测量的起始基准。DIR 为方向信号，当反向旋转时，DIR 变为低电平，CLK 为时钟频率信号。

测量精度取决于它所能分辨的最小角度，这与光栅板圆周上的透光槽数量 $n$ 有关，即最小能分辨的角度（分辨力）及分辨率与 $n$ 有关：分辨力为 $\dfrac{360°}{2^n}$，分辨率为 $\dfrac{1}{n}$。

例如条纹数为 10，则分辨力为 360°/1024＝0.325°，一般 $n$ 取 5～10000。

如图 7-17 所示，A、B 两点对应两个光敏接收管，A、B 两点间距为 $S_2$，光栅板的光栅间距分别为 $S_0$ 和 $S_1$。通过输出波形图可知每个运动周期的时序（图 7-18），这样通过 A、B 相就可以知道编码器当前的旋转方向和速度。

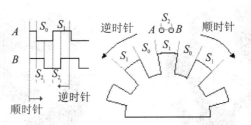

图 7-17　增量式旋转型编码器的内部工作原理

| 顺时针运动 | | 逆时针运动 | |
|---|---|---|---|
| $A$ | $B$ | $A$ | $B$ |
| 1 | 1 | 1 | 0 |
| 0 | 1 | 0 | 0 |
| 1 | 0 | 0 | 1 |

图 7-18　时序图

**2. 绝对型光电编码器**

用增量型光电编码器有可能由于外界的干扰产生计数错误,并且在停电或者故障停车后无法找到事故前执行部件的正确位置。采用绝对型光电编码器可以避免上述缺点。绝对型光电编码器的基本原理及组成部件与增量型光电编码器基本相同,也是由光源、码盘、检测光栅、光电检测元件和转换电路组成。

绝对型光电编码器用自然二进制、循环二进制(格雷码)、二十进制等方式进行编码,与增量型光电编码器不同之处在于码盘上透光、不透光的线条图形,绝对型编码器可有若干编码,根据码盘上的编码检测绝对位置,不同的数码分别指示不同的增量位置,因此它是一种直接输出数字量的传感器。它的特点有:a. 可以直接读出角度坐标的绝对值;b. 没有累积误差;c. 电源切除后位置信息不会丢失。但绝对型光电编码器的分辨率是由二进制的位数来决定的,也就是说精度取决于位数,目前有 10 位、14 位等多种。

四位二进制码盘如图 7-19 所示,它是在不透明材料的圆盘上精确地印制二进制编码,图中黑、白色分别表示透光、不透光区域,对应代表二进制的"0"和"1"。在一个四位光电码盘上,有四圈数字码道,每一个码道表示二进制的一位,里侧是高位,外侧是低位,在 360° 范围内可编数码为 $2^4 = 16$。绝对型编码器中由机械位置决定的每个位置是唯一的,它不受停电、干扰的影响,无须记忆,无须找参考点。

绝对型光电编码器的测量精度取决于它所能分辨的最小角度,这与码盘上的码道数 $n$ 有关,即最小分辨角度(分辨力)为 $\frac{360°}{2^n}$,分辨率为 $\frac{1}{2^n}$。

但当码盘回转在两码段交替过程中,会产生读数误差。例如,当码盘顺时针方向旋转,位置由"0111"变为"1000"时,这四位数字都要发生变化,可能将数码误读成 16 种代码中的任意一种,产生无法估计的数值误差。为了消除这种误差,一般采用格雷码编码,表 7-2 为二进制码与格雷码的对照表,这样在两数变换过程中,所产生的读数误差最多不超过"1",只可能读成相邻两个数中的一个数,可以避免误差的发生。两种码制的转换法则是保留二进制码的最高位作为

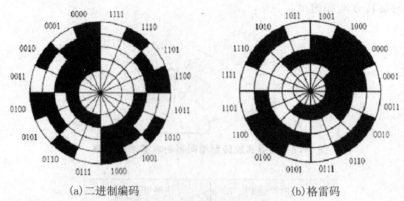

(a)二进制编码　　　　　　　　　　(b)格雷码

图 7-19　四位二进制码盘

格雷码的最高位,格雷码的次高位为二进制码的高位与次高位相异或,其余各位与次高位相似。

表 7-2　二进制码与格雷码的对照表

| 十进制数 | 二进制数 | 格雷码 | 十进制数 | 二进制数 | 格雷码 |
|---|---|---|---|---|---|
| 0 | 0000 | 0000 | 8 | 1000 | 1100 |
| 1 | 0001 | 0001 | 9 | 1001 | 1101 |
| 2 | 0010 | 0011 | 10 | 1010 | 1111 |
| 3 | 0011 | 0010 | 11 | 1011 | 1110 |
| 4 | 0100 | 0110 | 12 | 1100 | 1010 |
| 5 | 0101 | 0111 | 13 | 1101 | 1011 |
| 6 | 0110 | 0101 | 14 | 1110 | 1011 |
| 7 | 0111 | 0100 | 15 | 1111 | 1000 |

　　编码器作为运动控制系统中的闭环组成部分,必不可少的便是对规划量的实际测量。本次设计所使用的编码器是欧姆龙E6B2-WZ6C NPN 开路集电极输出型光电编码器。规格选用的是 1000 ppr,意思是转 1 圈所读取的脉冲数为 1000 个,但是我们的板卡读取编码器时是 4 倍频的状态,也就是说,板卡读取出来编码器 1 圈的脉冲是 4000 个。这里要特别注意,因为要做 PID 控制,电机输入和编码器读取的规格一定要相同。编码器外形图如图 7-20 所示。

图 7-20　编码器及引线图

　　实际操作中,褐色电源线要用 5 V 的直流电源供电,可以直接用图 7-20 所示的端子板上 CN1 通道的 7 号接口供电,黑、白、橙色线则分别与 17、18、19 号接口相接,蓝色线则直接与端子板上的数字地相接。这里要特别强调接线的重要性,编码器的种类很多,每种类型的接线方式都不一样,我们在选择的时候也要调研清楚。

### 7.2.5　伺服驱动器

伺服驱动器的工作原理,主要是根据伺服控制器送出的指令(P、V、T)工作。同步电机并非完全同步于旋转磁场,驱动器必须进行修正工作,使电机工作稳定不失步。所以,驱动电机正确跟随控制指令工作是伺服驱动器的主要工作任务。普通交流电机供电规格是 220V/50Hz,即每秒变换 50 次相位;而通常电机是 4 极的,需要变换两次相位转一圈,再加上普通交流电机不是同步的,是交流异步电机,所以普通交流电机的理论转速为 $50/2×60＝1500$ r/min。由此可见,可以通过改变供电频率的方式改变电机的转速。普通交流电机对应的控制器称为变频器。伺服电机的控制更加复杂,需要改变频率、电压、电流以达到对伺服电机的转速、扭矩、位置的全面控制。伺服控制器没有逻辑控制能力,如果需要伺服电机先慢转,再快转,到某个地方停止,再反转,等等,这些信号由伺服控制器的更上层控制器控制,比如 PLC、运动控制器等。

伺服驱动器的工作界面与内部结构示意图分别如图 7-21 和图 7-22 所示。

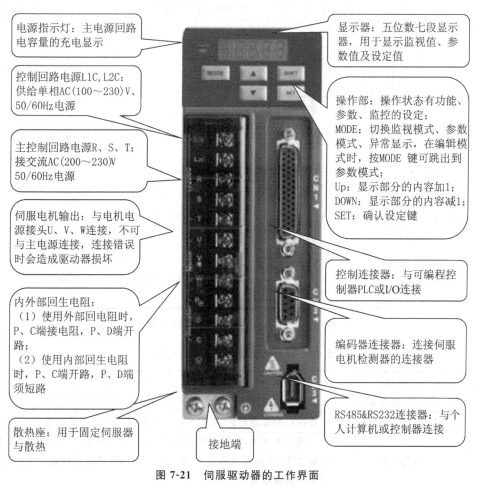

图 7-21　伺服驱动器的工作界面

注:750W(含)以上才有内建再生电阻,400W(含)以下则无内建再生电阻。

#### 1. 伺服驱动器的连接

伺服的功能非常多,接线方式比较复杂,外围装置与主电源连接的接线表见表 7-3。

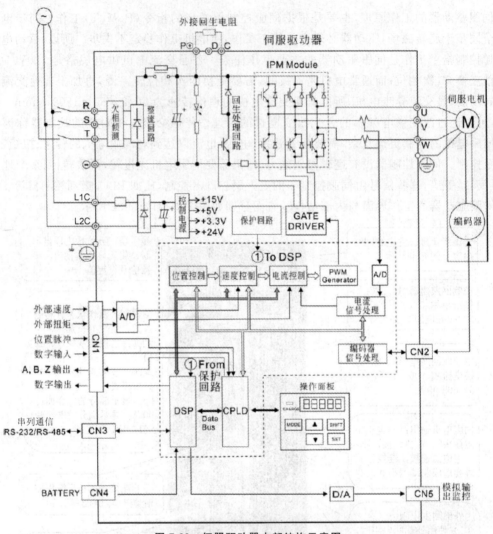

图 7-22　伺服驱动器内部结构示意图

表 7-3　外围装置与主电源连接接线表

| 代号 | 功能 | 说明 |
|------|------|------|
| L1C、L2C | 控制回路电源输入端 | 连接单相交流电源(根据产品型号选择适当的电压规格) |
| R、S、T | 主回路电源输入端 | 连接三相交流电源(根据产品型号选择适当的电压规格) |
| U、V、W、FG | 电机连接线 | U 端子为红色,电机三相主电源电力线;V 端子为白色,电机三相主电源电力线;W 端子为黑色,电机三相主电源电力线;FG 端子为绿色,连接至驱动器接地处 |
| P、D、C | 回生电阻端子或是刹车单元或是 P+、一接点 | 1. 使用内部电阻时,P+、D 端短路,P+、C 端开路;<br>2. 使用外部电阻时,电阻接于 P+、C 两端,且 P+、D 端开路;<br>3. 使用外部刹车单元时,电阻接于 P+、一两端,且 P+、D 与 P+、C 开路(N 端内建于 L1C、L2C、一、R、S、T) |

续表

| 代号 | 功能 | 说明 |
|---|---|---|
| ⏚ 两处 | 接地端子 | 连接至电源地线以及电机的地线 |
| CN1 | I/O 连接器 | 连接上位控制器 |
| CN2 | 编码器连接器（选购品） | 连接电机的编码器 |
| CN3 | 通信端口连接器（选购品） | 连接 RS-485 或 RS-232 |
| CN4 | 预备接头保留 | 保留 |
| CN5 | 模拟电压输出端子 | 模拟数据监视输出 |

**2. 伺服驱动器的接口**

1）CN1 I/O 连接器端子 Layout

为了方便与控制器通信，驱动器提供可任意规划的 6 个输出及 9 个输入。控制器提供的 9 个输入设定分别为参数 P2-10～P2-17、P2-36，6 个输出分别为参数 P2-18～P2-22、P2-37。除此之外，驱动器还提供差动输出的编码器 A＋、A－、B＋、B－、Z＋、Z－信号，以及模拟扭矩指令输入、模拟速度/位置指令输入、脉冲位置指令输入。其接脚图如图 7-23 所示，其信号说明见表 7-4。

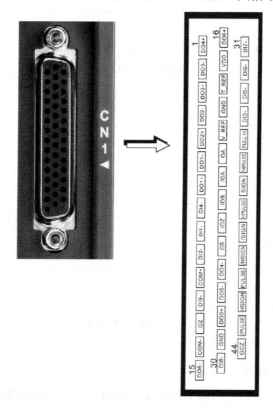

图 7-23   CN1 I/O 连接器端子 Layout

157

表 7-4　CN1 I/O 连接器信号说明

| 信号名称 | | 编号 | 功能 |
|---|---|---|---|
| 模拟指令<br>（输入） | V_REF | 20 | (1)电机的速度指令−10～+10V,代表−3000～+3000 r/min的转速指令(预设),可以由参数改变对应的范围。<br>(2)电机的位置指令−10～+10V,代表−3 圈～+3 圈的位置指令(预设) |
| | T_REF | 18 | 电机的扭矩指令−10V～+10V,代表−100％～+100％额定扭矩指令 |
| 位置脉冲指令<br>（输入） | PULSE<br>/PULSE<br>SIGN<br>/SIGN<br>PULL HI | 43<br>41<br>39<br>37<br>35 | 位置脉冲可以用差动(单相最高脉冲频率 500 kHz)或集极开路(单相最高脉冲频率 200kHz)方式输入,指令的形式也可分成三种(正逆转脉冲、脉冲与方向、AB 相脉冲),可由参数 P1-00 来选择。<br>当位置脉冲使用集极开路方式输入时,必须将本端子连接至一外加电源,作为提升准位用 |
| 高速位置脉冲指令（输入） | HPULSE<br>/HPULSE<br>HSIGN<br>/HSIGN | 38<br>36<br>42<br>40 | 高速位置脉冲,只接受差动(+5 V)方式输入,单相最高脉冲频率为 4 MHz,指令有三种不同的脉冲方式:AB 相、CW+CCW与脉冲加方向,具体请参考参数 P1-00 |
| 位置脉冲指令（输出） | OA<br>/OA | 21<br>22 | 将编码器的 A、B、Z 信号以差动方式输出 |
| | OB<br>/OB | 25<br>23 | |
| | OZ<br>/OZ | 13<br>24 | |
| | OCZ | 44 | 编码器 Z 相,开集极输出 |

2)CN2 编码器信号接线

编码器是伺服系统反馈装置,编码器接线端如图 7-24(a)所示,电机出线端如图 7-24(b)所示,CN2 连接器信号说明见表 7-5。

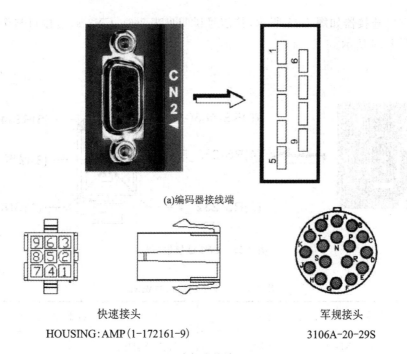

(a)编码器接线端

快速接头
HOUSING：AMP（1-172161-9）

军规接头
3106A-20-29S

(b)电机出线端

**图 7-24　接线端与出线端**

**表 7-5　CN2 连接器信号说明**

| 编码器接线端 | | | 电机出线端 | | |
| --- | --- | --- | --- | --- | --- |
| 编号 | 端子记号 | 功能、说明 | 军规接头 | 快速接头 | 颜色 |
| 4 | T＋ | 串列通信信号输入/输出（＋） | A | 1 | 蓝 |
| 5 | T－ | 串列通信信号输入/输出（－） | B | 4 | 蓝黑 |
| — | — | 保留 | — | — | — |
| 8 | ＋5V | 电源＋5V | S | 7 | 红/红白 |
| 7，6 | GND | 电源地线 | R | 8 | 黑/黑白 |
| — | — | 屏蔽 | L | 9 | — |

3）CN3 通信端口端子 Layout

驱动器通过通信连接器与计算机相连,使用者可利用 MODBUS 通信结合组合语言来操作驱动器或 PLC、HMI。我们提供两种常用通信接口：（1）RS-232；（2）RS-485。RS-232 较为常用,通信距离大约 15 m。若选择使用 RS-485 接口,可实现较远距离的传输,且支持多组驱动器同时联机。CN3 连接器如图 7-25 所示，其信号说明见表 7-6。CN3 通信接口与个人计算机的连接方式如图 7-26 所示。

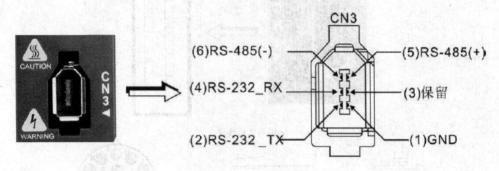

图 7-25　CN3 连接器（母）

表 7-6　CN3 连接器信号说明

| 编号 | 信号名称 | 端子记号 | 功能、说明 |
|---|---|---|---|
| 1 | 信号接地 GND | +5V | 与信号端接地 |
| 2 | RS-232 | 数据传送 RS-232_TX | 驱动器端数据传送连接至 PC 的 RS-232 接收端 |
| 3 | — | — | 保留 |
| 4 | RS-232 | 数据接收 RS-232_RX | 驱动器端数据接收连接至 PC 的 RS-232 传送端 |
| 5 | RS-485 | 数据传送 RS-485（+） | 驱动器端数据传送差动正极端 |
| 6 | RS-485 | 数据传送 RS-485（－） | 驱动器端数据传送差动负极端 |

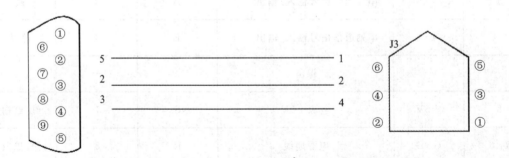

图 7-26　CN3 通信端口与个人计算机的连接方式

### 7.2.6　系统伺服接线

该系统有三轴控制，系统选择三种典型伺服系统：松下、三菱、台达。不同伺服系统的接线如图 7-27～图 7-29 所示。

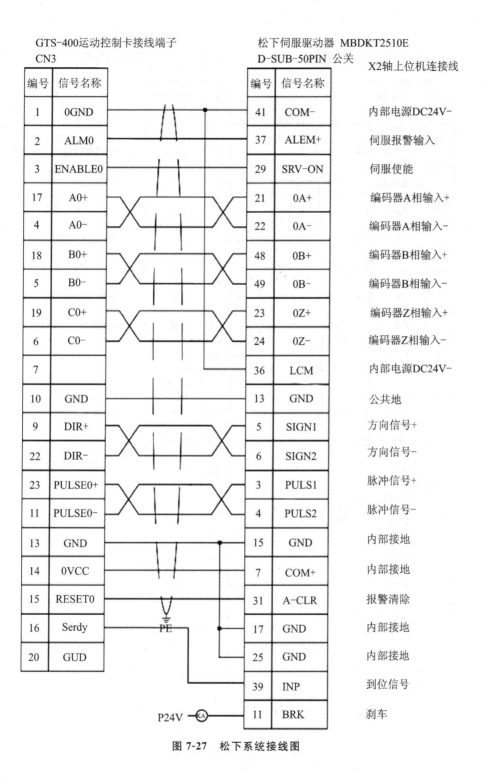

图 7-27　松下系统接线图

先进智能制造技术

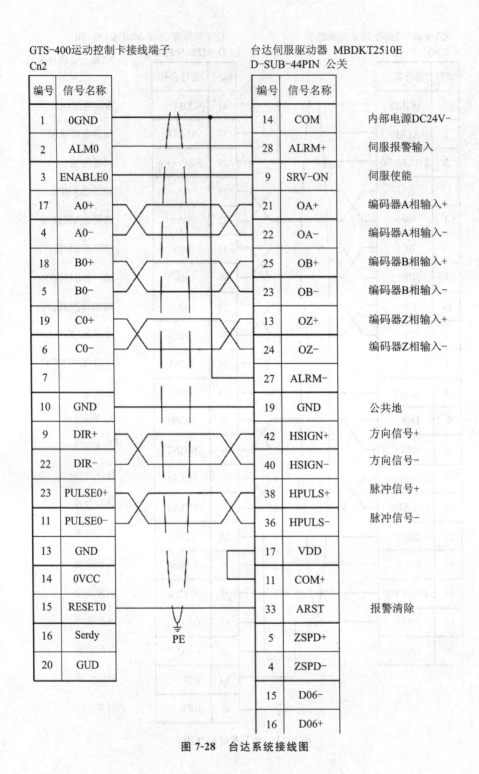

GTS-400运动控制卡接线端子
Cn2

台达伺服驱动器 MBDKT2510E
D-SUB-44PIN 公关

| 编号 | 信号名称 | | 编号 | 信号名称 | |
|---|---|---|---|---|---|
| 1 | 0GND | | 14 | COM | 内部电源DC24V- |
| 2 | ALM0 | | 28 | ALRM+ | 伺服报警输入 |
| 3 | ENABLE0 | | 9 | SRV-ON | 伺服使能 |
| 17 | A0+ | | 21 | OA+ | 编码器A相输入+ |
| 4 | A0- | | 22 | OA- | 编码器A相输入- |
| 18 | B0+ | | 25 | OB+ | 编码器B相输入+ |
| 5 | B0- | | 23 | OB- | 编码器B相输入- |
| 19 | C0+ | | 13 | OZ+ | 编码器Z相输入+ |
| 6 | C0- | | 24 | OZ- | 编码器Z相输入- |
| 7 | | | 27 | ALRM- | |
| 10 | GND | | 19 | GND | 公共地 |
| 9 | DIR+ | | 42 | HSIGN+ | 方向信号+ |
| 22 | DIR- | | 40 | HSIGN- | 方向信号- |
| 23 | PULSE0+ | | 38 | HPULS+ | 脉冲信号+ |
| 11 | PULSE0- | | 36 | HPULS- | 脉冲信号- |
| 13 | GND | | 17 | VDD | |
| 14 | 0VCC | | 11 | COM+ | |
| 15 | RESET0 | | 33 | ARST | 报警清除 |
| 16 | Serdy | | 5 | ZSPD+ | |
| 20 | GUD | | 4 | ZSPD- | |
| | | | 15 | D06- | |
| | | | 16 | D06+ | |

PE

图 7-28 台达系统接线图

162

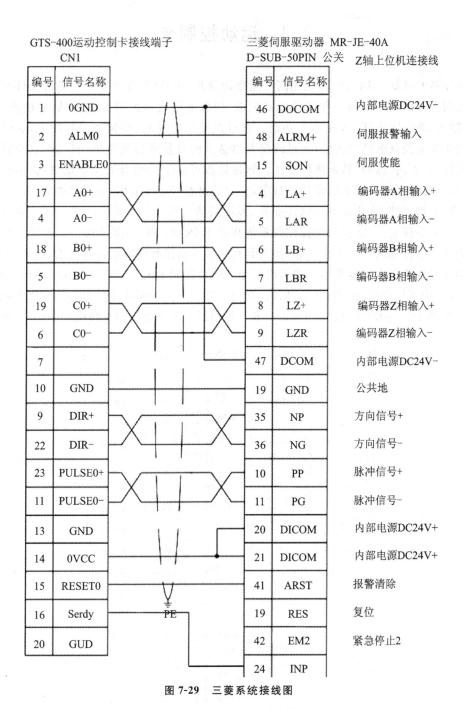

| GTS-400运动控制卡接线端子 CN1 | | 三菱伺服驱动器 MR-JE-40A D-SUB-50PIN 公关 | | Z轴上位机连接线 |
|---|---|---|---|---|
| 编号 | 信号名称 | 编号 | 信号名称 | |
| 1 | 0GND | 46 | DOCOM | 内部电源DC24V- |
| 2 | ALM0 | 48 | ALRM+ | 伺服报警输入 |
| 3 | ENABLE0 | 15 | SON | 伺服使能 |
| 17 | A0+ | 4 | LA+ | 编码器A相输入+ |
| 4 | A0- | 5 | LAR | 编码器A相输入- |
| 18 | B0+ | 6 | LB+ | 编码器B相输入+ |
| 5 | B0- | 7 | LBR | 编码器B相输入- |
| 19 | C0+ | 8 | LZ+ | 编码器Z相输入+ |
| 6 | C0- | 9 | LZR | 编码器Z相输入- |
| 7 | | 47 | DCOM | 内部电源DC24V- |
| 10 | GND | 19 | GND | 公共地 |
| 9 | DIR+ | 35 | NP | 方向信号+ |
| 22 | DIR- | 36 | NG | 方向信号- |
| 23 | PULSE0+ | 10 | PP | 脉冲信号+ |
| 11 | PULSE0- | 11 | PG | 脉冲信号- |
| 13 | GND | 20 | DICOM | 内部电源DC24V+ |
| 14 | 0VCC | 21 | DICOM | 内部电源DC24V+ |
| 15 | RESET0 | 41 | ARST | 报警清除 |
| 16 | Serdy | 19 | RES | 复位 |
| 20 | GUD | 42 | EM2 | 紧急停止2 |
| | | 24 | INP | |

**图 7-29 三菱系统接线图**

　　从上述三个图可以发现,伺服系统的接线基本一致,伺服系统的控制主要体现基本功能接线、控制使能信号线、脉冲发出控制模式接线等。运动控制端子板卡的端口定义基本符合伺服控制系统的端子定义,兼容性强,设计简单,使用简单。

# 7.3　运动控制卡

运动控制卡是基于 PC 总线,利用高性能微处理器(如 DSP)及大规模可编程器件实现多个伺服电机的多轴协调控制的一种高性能的伺服/伺服电机运动控制卡,包括脉冲输出、脉冲计数、数字输入、数字输出、D/A 输出等功能。它可以发出连续的、高频率的脉冲串,通过改变发出脉冲的频率来控制电机的速度,通过改变发出脉冲的数量来控制电机的位置,它的脉冲输出模式包括脉冲/方向、脉冲/脉冲两种方式。脉冲计数可用于编码器的位置反馈,提供机器准确的位置,纠正传动过程中产生的误差。数字输入/输出点可用于限位、原点开关等。库函数包括 S 型加速和 T 型加速、直线插补和圆弧插补、多轴联动函数等。产品广泛应用于工业自动化控制领域中需要精确定位、定长的位置控制系统和基于 PC 的 NC 控制系统。具体就是将实现运动控制的底层软件和硬件集成在一起,使其具有伺服电机控制所需的各种速度、位置控制功能,这些功能通过计算机方便地调用。现国内外生产运动控制卡的公司有美国的 GALIL、PMAC,英国的翠欧,中国的研华、雷赛、固高、乐创、众为兴等。下文以固高控制卡为例介绍说明该设备的使用。控制卡的伺服系统接线见 7.2.6 节。传感器和主令电气的接线图如图 7-30 所示。

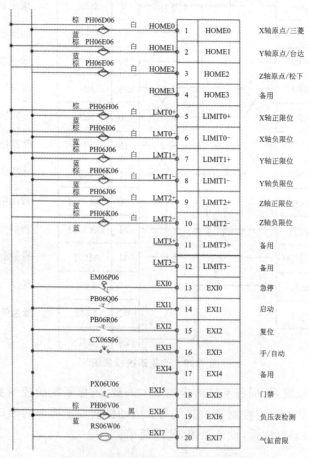

图 7-30　传感器和主令电气的接线图

运动控制卡是基于总线的运动控制,它包含控制卡、端子板及连接线。固高公司生产的 GTS-400-PV(G)-PCI 系列运动控制器,可以实现高速的点位运动控制,可以实现高性能的控制计算,如图 7-31 所示。它适用领域广泛,包括机器人、数控机床、木工机械、印刷机械、装配生产线、电子加工、激光加工以及 PCB 钻铣等。

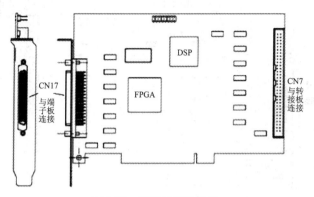

图 7-31　控制器部分视图

端子板上分布着很多接口,每个接口的定义与用法都不同,端子板 CN1～CN4 接口是轴信号接口,端子板 CN9-1 和 CN9-2 接口是通用数字 I/O、HOME 输入、LIMIT 输入信号接口,端子板 CN12、CN13 接口是辅助编码器接口。辅助编码器接口接收 A 相、B 相和 C 相(INDEX)信号,端子板 CN14 接口是 HSIO 接口。端子板上还有一路位置比较输出通道。端子板外观如图 7-32 所示。

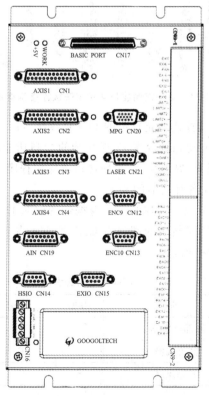

图 7-32　4 轴端子板外观图

控制卡安装在工控机内部主板的 PCI 等插槽上,控制器与端子板的连接电缆插头 CN17 为 SCSI 头,插针扁平,因此在往控制器和端子板 CN17 接口插插头时务必要对准位置垂直插入,否则有可能造成插针弯曲变形而影响信号稳定。端子板和控制卡的安装图如图 7-33 所示。

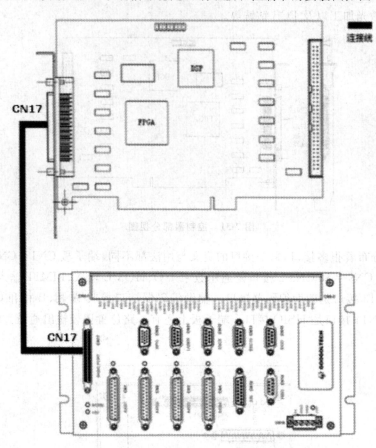

图 7-33  运动控制器与 4 轴端子板连接示意图

GTS-400-PV-PCI 系列运动控制器是标准的 PCI 总线接口产品。运动控制器提供 C 语言、LabView 等函数库和 Windows 动态链接库,实现复杂的控制功能。用户能够将这些控制函数与自己控制系统所需的数据处理、界面显示、用户接口等应用程序模块集成在一起,开发符合专业应用需求的控制系统,以适应各种功能的要求。

在接线方面,我们要严格按照运动控制卡自身携带的说明书要求,每个 CN 口的不同引脚对应的含义都不相同,本次设计要使用的端口有 CN1 的 1 轴各引脚,和 CN9-1 的通用数字引脚。CN1 的各引脚说明如表 7-7 所示。

表 7-7  CN1 的各引脚说明

| 引脚 | 信号 | 说明 | 引脚 | 信号 | 说明 |
|------|--------|----------|------|--------|----------|
| 1 | OGND | 外部电源地 | 4 | A— | 编码器输入 |
| 2 | ALM | 驱动报警 | 5 | B— | 编码器输入 |
| 3 | ENABLE | 驱动允许 | 6 | C— | 编码器输入 |

| 引脚 | 信号 | 说明 | 引脚 | 信号 | 说明 |
|---|---|---|---|---|---|
| 7 | +5V | 电源输出 | 17 | A+ | 编码器输入 |
| 8 | DAC | 模拟输出 | 18 | B+ | 编码器输入 |
| 9 | DIR+ | 步进方向输出 | 19 | C+ | 编码器输入 |
| 10 | GND | 数字地 | 20 | GND | 数字地 |
| 11 | PULS E− | 步进脉冲输出 | 21 | GND | 数字地 |
| 12 | AIN | 模拟量输入 | 22 | DIR− | 步进方向输出 |
| 13 | GND | 数字地 | 23 | PULS E+ | 步进脉冲输出 |
| 14 | OVCC | +24V 输出 | 24 | GND | 数字地 |
| 15 | RESET | 驱动报警复位 | 25 | 备用 | 备用 |
| 16 | SERDY | 电机到位 | | | |

由端子板轴信号定义,得出电机驱动器的 DIR− 与端子板 1 轴的 22 号引脚相接,DIR+ 与 9 号引脚相连,PUL− 与 11 号引脚相连,PUL+ 与 24 号引脚相连。

根据端子板端子定义和接口定义的接线或布线方式,端子的连接方式如图 7-34 所示。

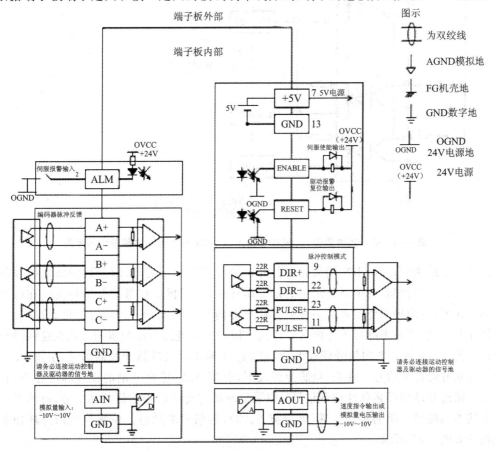

**图 7-34 端子板轴信号接口内部电路**

该系统里的伺服驱动器和端子板的连接主要包含控制信号、使能信号、限位信号等,其典型的连接方式如图 7-35 所示。

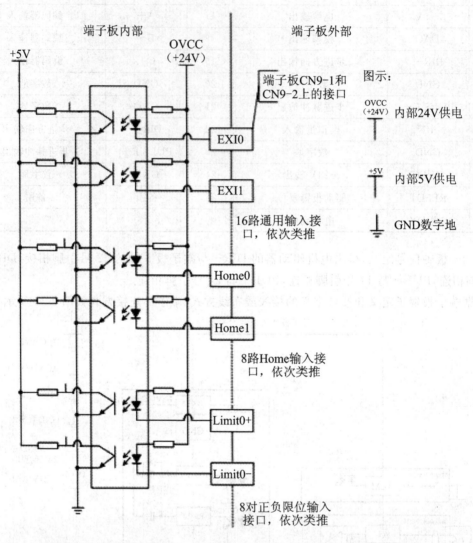

图 7-35　端子板通用输入、HOME 输入、LIMIT 输入信号内部电路示意图

在该单元系统中,控制卡和伺服放大器的控制模式采用的是开环控制,伺服电机和伺服驱动器采用的是闭环控制,整体系统采用的是半闭环控制,以保证位置控制的精度。在脉冲量信号输出方式下,有两种工作模式。一种是脉冲+方向信号模式,另一种是正/负脉冲信号模式。默认情况下,控制器输出脉冲+方向信号模式。用户可以通过系统配置的方式在这两种模式之间进行切换。在脉冲+方向信号模式下,引脚 23、11 输出差动的脉冲控制信号,引脚 9、22 输出差动的运动方向控制信号。在正/负脉冲模式下,引脚 9、22 输出差动的正转脉冲控制信号,引脚 23、11 输出差动的反转脉冲控制信号。如果驱动器需要的信号不是差动信号,可将相应信号接于上述差动信号输出的正信号端(即引脚 9、23),负信号端悬空。位置控制的开环控制模式典型接法如图 7-36 所示。

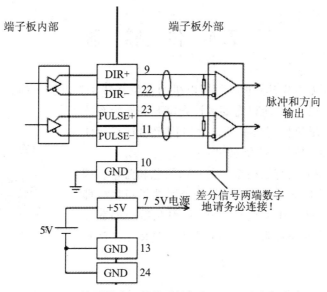

图 7-36　开环控制模式下轴信号接口(CN1-CN4)内部电路

在该系统中,运动控制卡的主要接线定义如表 7-8 所示。

表 7-8　接口功能定义

| 通用输入 | | 通用输出 | |
|---|---|---|---|
| 接口 | 说明 | 接口 | 说明 |
| EXI0 | 急停 | EXO0 | 移载气缸后退 |
| EXI1 | 启动 | EXO1 | 移载气缸前进 |
| 接口 | 说明 | 接口 | 说明 |
| EXI2 | 复位 | EXO2 | 吸真空 |
| EXI3 | 手/自动 | EXO3 | — |
| EXI4 | 备用 | EXO4 | — |
| EXI5 | 门禁 | EXO5 | — |
| EXI6 | 负压检测 | EXO6 | — |
| EXI7 | 气缸前限 | EXO7 | — |
| EXI8 | 气缸后限 | EXO8 | — |
| EXI9 | — | EXO9 | — |
| EXI10 | — | EXO10 | — |
| EXI11 | — | EXO11 | — |
| EXI12 | — | EXO12 | 红灯 |
| EXI13 | — | EXO13 | 绿灯 |
| EXI14 | — | EXO14 | 黄灯 |
| EXI15 | — | EXO15 | 蜂鸣器 |

# 7.4 传 感 器

在系统设计中,传动装置实现将伺服电机的角位移转化为丝杠上的直线位移,在使用丝杠时,就要考虑它的行程问题,所以需要设计光电开关作为系统的保护措施(起正负限位作用),避免运动时因超出行程而使装置损坏。光电开关如图 7-37 所示。

系统所用的限位开关有三根接线:棕色、黑色和蓝色。因为它的电源需求是 DC(6~36)V,所以直接用端子板供电即可。这里的光电开关是 NPN 型常开开关,因此后面的程序设计可以根据这一点来设计限位开关的应用。具体用法请见多传感器单元章节。

图 7-37　限位开关外观图

# 7.5 软 件 设 计

软件设计流程有复位流程和系统自动工作流程,具体如图 7-38 和图 7-39 所示。

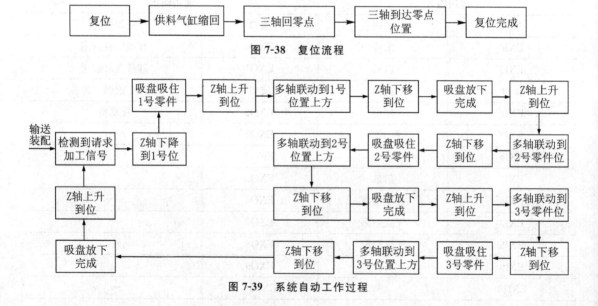

图 7-38　复位流程

图 7-39　系统自动工作过程

## 7.5.1　LabView 的应用

LabView 中含有很多外表看起来与传统仪器类似的控件,可以方便地创建用户界面。用户界面在 LabView 中被称为前面板。使用图标和连线,可以通过编程对前面板上的工具进行控制,前面板上的每一个控件对应于程序框图中的一个工具,当数据"流向"该控件时,控件就会根据自己的特征以一定的办法显示数据,例如开关、数字或图形。它为设计者提供了一个便捷、简单的设计环境,使用它可以轻松组建一个测控系统或数据采集系统,并可以随意构建自己的仪器面板,而无须进行任何麻烦的计算机程序代码的编写,从而大大简化程序的设计。本单元的重点是利用 LabView 动态链接库实现三轴伺服电机位置的控制和管理。

**1. 动态链接库的调用**

动态链接库(dynamic link library,简称 DLL)是一个囊括可由多个程序同时使用的代码和数据的库,它是从 C 语言函数库和 Pascal 库单元的概念发展而来的。它是一个可以多方分享的程序模块,对共享的全程和资源进行了封装,可以和其他应用程序共享库中的函数与资源。因此当链接库以 DLL 的形式提供一种性能时,别的应用程序便可以直接使用,这样可以使操作效率大大提升,如图 7-40 所示。图 7-41 所示是使用 GT-400PV 时使用 DLL 创建子 VI 库的方法。

图 7-40　DLL 生成与 LabView 调用流程

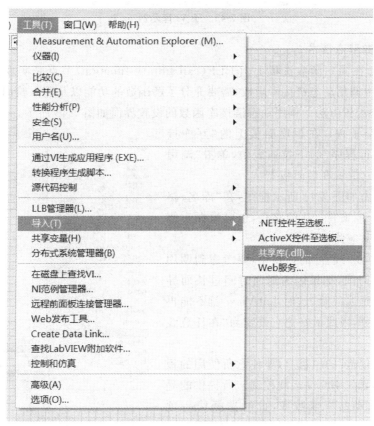

图 7-41　使用 DLL 创建子 VI 库

选择.h 头文件和.dll 库文件,这里要注意,这两个文件都是随卡光盘里的自带文件,是很关键的东西。成功导入.h 头文件和.dll 库文件后的子 VI 库如图 7-42 所示,单击"下一步"将文件保存至文件夹里,以后调用时直接拉出便可使用。

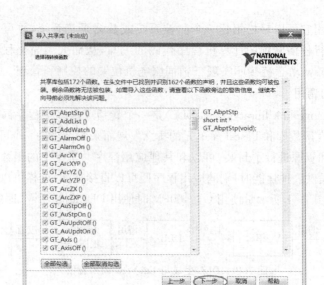

图 7-42　子 VI 库示例

**2. 调用库函数节点技术**

LabView 中,在同一函数选板上由 CLF(call library function)节点来实现动态链接库调用,在 LabView 中调用动态链接库函数,需要充分了解函数的功能以及输入输出参数。下面将介绍 CLF 节点的配置方法。调用动态链接库函数的设置界面如图 7-43 所示。

(1)新建一个子 VI,在程序面板上的"互连接口"→"库与可执行程序"的下拉列表中,单击"调用库函数节点",将它放置在后面板上。

(2)双击,弹出如图 7-44 所示框图,在"库名/路径"文本框中输入库文件.dll 的路径,也可根据右侧文件夹图标选择对应路径。

(3)这里注意在"线程"的栏目里,要考虑到调用函数的使用返回时间,如果因为返回时间过长而导致界面反应出现延迟故障,这时 LabView 就不能再继续执行其他任务,因此最好把它设置为"在任意线程中进行"。

(4)在"调用规范"的栏目里,要注意所使用的板卡的标准。例如,GT-400pv 运动控制卡所提供的是 Windows 标准运动共享函数库,此时选择第一项"stdcall(WINPAI)"。

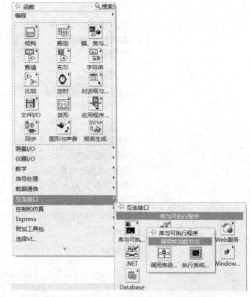

图 7-43　CLF 节点所在的函数子选板

以上两种调用运动控制卡的方法都可以成功调用板卡函数,但是相对来说,直接调用动态链接库从而生成子 VI 库的方式更加方便。图 7-45 所示便是调用动态链接库.dll 文件生成的子 VI 库,里面的每一个函数都是完整独立的,每一个子 VI 库都是封装好了的,使用时只需将它们拉向 LabView 的程序框图即可。调用时需要充分了解每个子 VI 库的含义及返回值的意义,这样才不会使编程变得盲目。

图 7-44　CLF 节点配置框图

图 7-45　子 VI 库文件展示

### 7.5.2 前面板设计

软件设计主要基于 LabView 的应用开发,包含前面板和程序框图。前面板的设计如图7-46 所示。

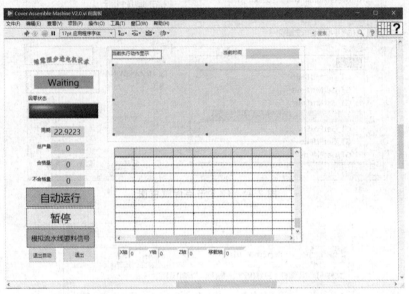

图 7-46 前面板图

前面板包含当前动作显示信息、设备的工作状态、三轴的位置信息、单元操作统计信息和系统交互信息。该系统设计的功能是根据系统工艺需求管理现场的执行和采集过程信息数据,主要体现在三轴的管理控制、多路传感信息的采集、系统工作数据挖掘上传保存及可视化等。

### 7.5.3 板卡初始化设计

要实现 LabView 对运动控制卡的二次开发,最简单有效的方法则是通过子 VI 包里的各个节点的相互作用来实现功能。初始化设计的大体框架是,在 while 循环结构下,先在前面板空白处右击添加布尔控件,如图 7-47 所示。

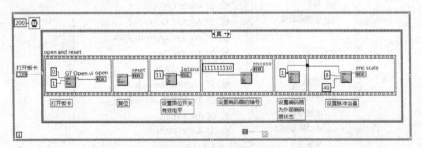

图 7-47 初始化板卡

GT Open. vi 指令表示打开运动控制器,让它实现功能。而复位板卡,是初始化中打开运动控制器后必须要做的。GT Reset. vi 指令将使运动控制器的所有寄存器恢复到默认状态,一般在打开运动控制器之后调用该指令。

硬件设置时需要考虑滑块的行程问题,所以在开启板卡的模块里就需要设置限位开关来保护系统的正常使用。限位开关有很多类型,通常依靠它的常开常闭类型去设置它的正常使用,因此需要提前设置好限位开关的有效电平。限位开关的设置要根据硬件与端子板的连接关系来判断,因为在这里我只使用了一轴的正负限位,而且正负限位都是常开 NPN 型,所以这里我只对它赋予了"11"这个常量,表示一轴正负限位触发时,运动控制器可以检测到低电平。设置好限位开关的高低电平触发后,那么触发时可调用 GT Get Di. vi 来读取其触发状态。图 7-48 所示的是获取限位开关触发时,板卡会收到数字量,让运动控制卡检测到低电平。

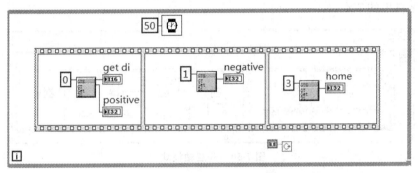

图 7-48　板卡获取限位和原点发送 Di 模块

这个时候如果限位触发,那么前面板的"positive"(正限位)和"negative"(负限位)数值就会发生变化(见图 7-49),这个变化便可以当作保护运动的条件。

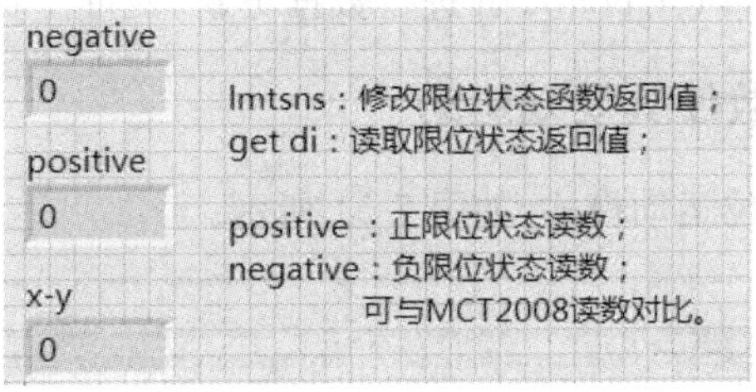

图 7-49　前面板正负限位

限位触发时,"negative"和"positive"这两个数值的变化便可作为条件,调用数值的属性节点,一旦限位触发,那么条件发生,调用 GT Stop. vi 就能使其停止运动。

程序设计中,要使用光电编码器来读取电机运动的实际位置和速度,由于编码器的接线方式有很多种,encoder 对输出的脉冲个数进行计数的方式也不同。若为外部编码器,可以调用指令 GT EncOn. vi 来实现;若为脉冲计数器,可以调用指令 GT EncOff. vi 来实现。外部编码器是通过外部安装的编码器计数值来计算脉冲个数的,脉冲计数器则是指通过控制器内部硬件来计算发出去的脉冲个数的。在闭环控制方式下,必须设置成外部编码器计数方式。也就是说,想让编码器检测的是由丝杠转动而得到的脉冲数,就必须需要这个指令。

由于必须保证电机与编码器的脉冲当量一致,这就需要调用 GT Enc Scale. vi 设置编码器的当量变换值。

在设计硬件时,若编码器和电机是相向安装的,则编码器和电机轴运动的方向是相反的。该项可以通过指令 GTS EncSns. vi 来修改,使编码器计数时实际位置及速度与规划值方向对应。当编码器值与规划值方向相反时,可以通过修改"输入脉冲反转"来校正。

### 7.5.4　开启轴并设置模式

开启轴模块如图 7-50 所示。首先要加载文件的路径,配置运动控制器,配置文件取消了各轴的报警和限位,为之后的清除状态归位做准备。切换到后面板后,我们知道板卡所提供的下载配置信息,而我们想让轴开始运动,就必须调用 GT ClrSts.vi 以清除各 Di 的状态,因此,必须同时调用 GT LoadConfig.vi(下载配置信息到运动控制器指令)和 GT ClrSts.vi 才能使轴发挥正常作用。由于这里的 GT LoadConfig.vi 的 Pfile 的输入是字符串格式,所以需要加入一个将路径转化为字符串的节点。

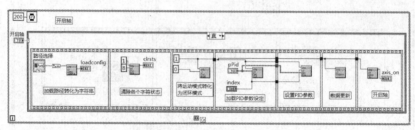

图 7-50　开启轴模块

而 GT Ctrl Mode.vi 使当前轴工作在闭环方式时,运动控制器将当前规划的运动位置、速度、加速度送入数字伺服滤波器,与反馈的实际位置进行比较获得控制输出信号。这种方式能够实现准确的位置控制。将运动模式转化为闭环模式,这样才能使电机进行 PID 控制。

最后对设置的参数调用 GT Update.vi 进行数据更新,便可使我们的调用都发挥作用。

### 7.5.5　设置运动参数使其规划运动

本次设计所采用的是点位运动模式,如图 7-51 所示。

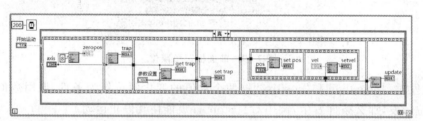

图 7-51　点位运动模式

某一运动模式设定后,该轴将保持这种运动模式,直到设置新的运动模式为止。注意开始运动时,要先设置好坐标原点。GT ZeroPos.vi 指令用于实现清零规划位置和实际位置的功能,定义了坐标原点的位置,使下一次运动都以此为基点。

GT_PrfTrap.vi 则是设置指定轴为点位运动模式。只需赋值规划轴号即可。这里注意"参数设置"这个输入控件也是右键直接生成的数据的捆绑体。需要设置规划速度和位置时,直接创建输入控件即可。两者颜色不同表示它们是数据类型的数据,具体可通过右击查看"数据类型"得知。

GT_Update.vi 表示启动点位运动,它具体实现的功能是数据更新,并使各输入数据有效运行。

## 7.5.6　LabView 程序框图

LabView 调用 GTS 运动控制卡的底层子框图,再对板卡初始化,完成后三轴回零点,系统启动后等待输送线接驳信号,信号给定后开始夹取零件 1,通过三轴把它送到装配件的正上方后松开夹具后返回,依次按照零件 1 的流程把零件 2 和零件 3 放到位置后回到初始位置,完成一个周期,等待下次接驳信号,如图 7-52 所示。

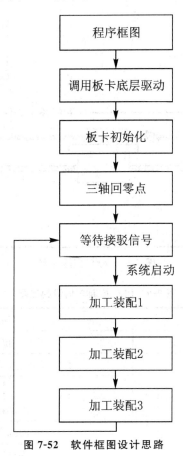

图 7-52　软件框图设计思路

# 7.6　PLC 与伺服控制

可编程控制器(PLC)可以向伺服电机输出脉冲信号,从而进行定位控制。脉冲输出频率高时,电机转得快;脉冲输出数多时,电机转得多。用脉冲频率、脉冲数来设定定位对象(工件)的移动速度或者移动量,具体见图 7-53。

**1. 伺服运行模式**

PLC 控制伺服系统有 3 种模式,对应 6 种伺服运行模式,见表 7-9。

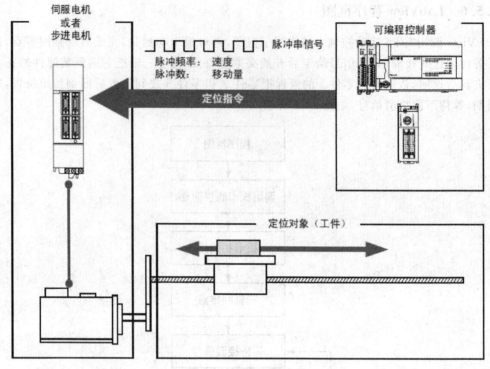

图 7-53　PLC 伺服控制

表 7-9　PLC 控制与伺服的匹配

| PLC 控制模式 | 伺服运行模式 |
| --- | --- |
| 脉冲输出控制 | 位置脉冲模式 |
| 模拟量输出控制(0~10 V) | 模拟量速度模式 |
| | 模拟量转矩模式 |
| 开关量输出控制(继电器、晶体管) | 内部存储器位置模式 |
| | 内部存储器速度模式 |
| | 内部存储器转矩模式 |

(1)位置脉冲模式接收的是脉冲信号,外部给定位置信号脉冲,类似于变频器的脉冲调速。针对 PLC,脉冲信号有差分脉冲信号(5 V)和集电极开路信号(24 V)两类。脉冲信号形式有脉冲＋符号、正向脉冲＋反向脉冲、正交脉冲三种,见表 7-10。

(2)模拟量转矩模式和模拟量速度模式统称为模拟量模式,接收的是模拟量电压信号(0~10 V),类似于变频器的模拟量调速。模拟量转矩模式控制力矩输出;模拟量速度模式控制速度输出,由外部给定速度转矩值。

模拟量转矩模式与速度模式的配合实现张力控制。理论上可以实现高转速低扭矩,也可以实现高转矩低转速。

(3)内部存储器速度模式、内部存储器位置模式、内部存储器转矩模式统称为内部存储器模式,接收的是开关量信号,类似于变频器的多段速度控制。内部存储器速度模式用于控制速度;

内部存储器位置模式用于控制位置;内部存储器转矩模式用于控制转矩。

表 7-10　脉冲信号形式

| 指令脉冲信号的形式 | 指令脉冲信号 | | 指令的电气规格 |
|---|---|---|---|
| 脉冲+符号 | PULS (正转/反转)<br>SIGN (高电平/低电平) | | 差分 500 kHz;<br>集电极 200 kHz |
| 正向脉冲+反向脉冲 | PULS (正转 低电平/反转)<br>SIGN (正转/低电平) | | |
| 正交脉冲<br>(90°相位差 2 相脉冲) | PULS (正转/反转)<br>SIGN | | |

**2. PLC 控制模式**

PLC 控制模式有脉冲输出控制、模拟量输出控制和开关量输出控制三类。

(1)脉冲输出控制又分为集电极开路脉冲输出(24 V)和差分脉冲输出(5 V)两种。集电极开路脉冲输出(24 V)是主机模块自带的,通常是两路输出,一共四个端子,分别对应脉冲输出两个端子、方向输出两个端子。此时主机模块必须是晶体管输出型。差分脉冲输出(5 V)一般需要加差分脉冲输出扩展模块。

(2)模拟量输出控制的信号有模拟量电流信号(4~20 mA)和模拟量电压信号(0~10 V)两种,一般需要 D/A 扩展模块,即将数字量转换为模拟量。

(3)开关量输出控制有两种:晶体管输出的开关速度快,但可通过电流小,如 DC30V/0.5A;继电器输出的开关速度慢,但可通过电流大,如 AC250V/1A。

# 7.7　伺服控制系统应用——等离子清洗设备

## 7.7.1　设备功能描述

等离子清洗设备(plasma cleaner)也叫等离子表面处理仪,是一种全新的高科技技术,利用等离子体来达到常规清洗方法无法达到的效果。等离子体是物质的一种形态,也叫物质的第四态,并不属于常见的固液气三态。对气体施加足够的能量使之离化便成为等离子状态。等离子体的活性组分包括离子、电子、活性基团、激发态的核素(亚稳态)、光子等。等离子表面处理仪就是利用这些活性组分的性质来处理样品表面,从而实现清洁、改性、光刻胶灰化等目的。

目前等离子清洗设备广泛运用于各大行业,在电子行业生产中应用尤为突出。等离子清洗设备具有以下优点:

(1)清洗对象经等离子清洗之后是干燥的,不需要再经过干燥处理即可送往下一道工序,可以提高整个工艺流水线的处理效率。

(2)等离子清洗使得用户可以远离有害溶剂对人体的伤害,同时避免了湿洗容易洗坏清洗对象的问题。

(3)使用等离子清洗,可以极大地提高清洗效率。整个清洗工艺流程几分钟内即可完成,因此具有生产率高的特点。

(4)等离子清洗不分处理对象,它可以处理各种各样的材质,无论是金属、半导体、氧化物,还是高分子材料,都可以使用等离子体清洗设备来处理。

### 7.7.2 需求分析与选型

**1. 需求分析**

某家企业现需要对一款智能手环内置电路板进行清洗,提出设备设计要求如下:

(1)要求一次对存放 36 个产品的料盘(3 行 12 列)进行 S 形路线清洗,清洗次数可通过触摸屏调整;

(2)要求 X 轴和 Y 轴的运动速度最低为 1500 r/min;

(3)要求在设计 Z 方向的运动轴时考虑安全因素,等离子风枪距离料盘 10 mm 以上;

(4)要求 X 轴和 Y 轴的定位精度不低于 0.1 mm;

(5)设备运行时要求平稳,且需避免出现噪声,以免干扰作业人员;

(6)设备设计时需考虑成本因素,做到元件的合理选型。

**2. 选型**

根据上述需求分析,等离子清洗设备的主要机构大致可设计为三轴运动平台,分别由 X 方向、Y 方向和 Z 方向的三个轴构成(简称 X 轴、Y 轴、Z 轴),采用龙门结构带动等离子风枪对产品实行清扫,另外在 Z 轴上安装一个固定等离子风枪的加工件。

1)传动机构的选择

传动机构将电机的旋转运动转变为直线运动。不同的传动方式对设备的稳定性、安全性有着极大的影响。

(1)对于齿轮齿条传动,根据需求分析,由于噪声、精度及后期维护等方面要求,不建议目前设计的等离子清洗设备使用齿轮齿条传动方式。

(2)对于同步带传动,当电机过载引起皮带打滑,皮带的运动将处于不稳定状态,磨损加剧,严重影响皮带使用寿命;由于带轮两边的拉力差以及相应的变形差会形成弹性滑动,故皮带运动存在滑动损失,同时带来了精度丢失的问题。故不建议目前设计的等离子清洗设备使用同步带传动方式。

(3)对于普通梯形丝杠传动,传动效率低下,故不适合高速往返传动。

(4)根据需求分析,由于要求高速往返传动、精度高、噪声低,故而建议目前设计的等离子清洗设备的 X 轴、Y 轴和 Z 轴都使用 KK 系列直线运动模组传动,Z 轴考虑安全因素,需采用有自锁功能的传动机构,故 Z 轴采用带刹车的伺服电机配合 KK 系列直线运动模组传动。

2)运动执行元件选型

运动执行元件的不同直接关系到设备的定位精度和运行的稳定性。

(1)X 轴和 Y 轴电机建议采用 200 W 伺服电机,理由如下:伺服电机运行平稳,配合 KK 系列直线运动模组传动不存在抖动或颠簸现象,可满足运行平稳无噪声要求;伺服电机具有高精度定位的特性,其定位精度一般为 0.001 mm。

(2)Z 轴电机建议采用带刹车的 200 W 伺服电机,理由如下:Z 轴考虑安全因素,需采用有自锁功能的传动机构,而带刹车功能的伺服电机是专门为断电后电机锁死这一要求而研发的,且电机和刹车控制为一体式结构,便于工程人员设计使用。

3)PLC 的选择

目前在自动化行业,编程控制器主要有单片机、PLC 和 PC,因为单片机无法满足相对复杂的自控系统,只能针对一些简单的治具做控制元件,故而在当前这个设备上优先排除。当控制系统需实现苛刻的计算、处理复杂的网络以及处理大量数据时,PC 控制具有优越性。而 PLC 控制具有专门的运动控制指令,对运动控制和过程控制有着显著优势,另外在成本控制上 PLC 优于 PC 控制。

### 7.7.3　硬件设计

等离子清洗设备的硬件设计主要包含设备结构设计和 PLC 与伺服驱动器的连接两个方面。

**1. 设备结构设计**

该等离子清洗设备结构如图 7-54 所示,执行元件主要由三个轴组成,分别为 X 方向的 200 W 伺服电机,Y 轴方向的 200 W 伺服电机,Z 轴方向的 200 W 带刹车的伺服电机。控制元件为 PLC,执行元件为伺服驱动器,PLC 和伺服驱动器具体关系如图 7-55 所示。所有电机驱动器和电机之间的连接都采用 CN2 编码器线和电机电源线(U、V、W)。

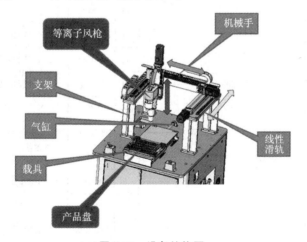

图 7-54　设备结构图

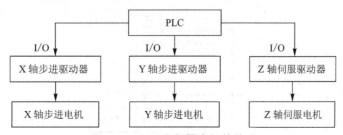

图 7-55　PLC 和伺服电机的关系

等离子清洗设备的工作原理是在密封容器中设置两个电极形成的电场,用真空泵实现一定的真空度,随着气体愈来愈稀薄,分子间距及分子或离子的自由运动距离也愈来愈长,受电场作用,它们发生碰撞而形成等离子体。产品料盘放于载具上,载具气缸回缩将载具移至工作位,PLC 控制等离子风枪开启,然后由伺服电机精密控制等离子风枪下降至产品盘上方 10 mm,顺序控制 Y 轴与 X 轴在料盘上走 S 形对产品进行清洗。

**2. PLC 与伺服驱动器的连接**

图 7-56 是伺服驱动器和 PLC 脉冲、方向(Y0、Y4)的接线图。PLC 通过输出端口上的 Y0 和 Y1 对伺服驱动器进行脉冲和方向控制。

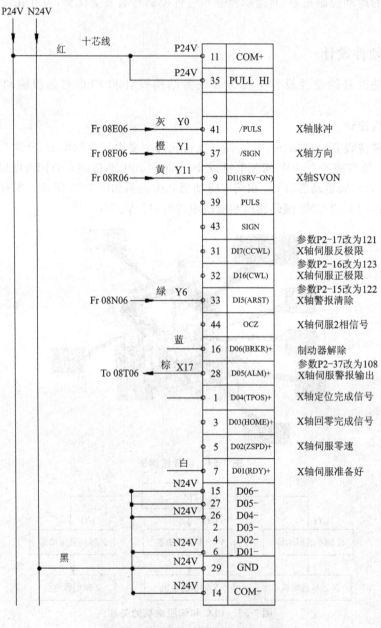

图 7-56　伺服驱动器和 PLC 接线图

### 7.7.4　软件设计

PLC 通过控制脉冲个数来控制角位移量,从而达到准确定位的目的;同时可以通过控制脉冲频率来控制电机转动的速度和加速度,从而达到调速的目的。等离子清洗设备采用 EH3 系列 PLC 为编程控制器,程序编写中主要运用了回原点指令(DZRN)、绝对定位指令(DDRVA)、译码指令(DECO)和自加一指令(INC)。整段程序除了一开始对轴和气缸进行复位外,其余全部围绕着自动解码来对各个自动动作进行条件控制,INC 给寄存器加一,程序执行下一段,再加一,再解码下一段,以此类推,直到寄存器清零,程序才会回到解码程序段中的起始步。等离子清洗设备自动控制程序请参考图 7-57。

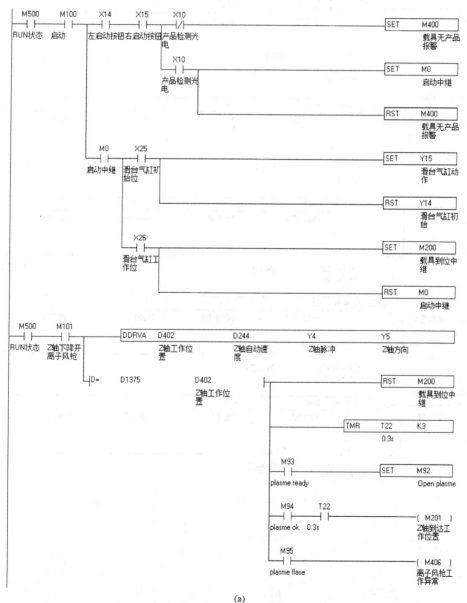

(a)

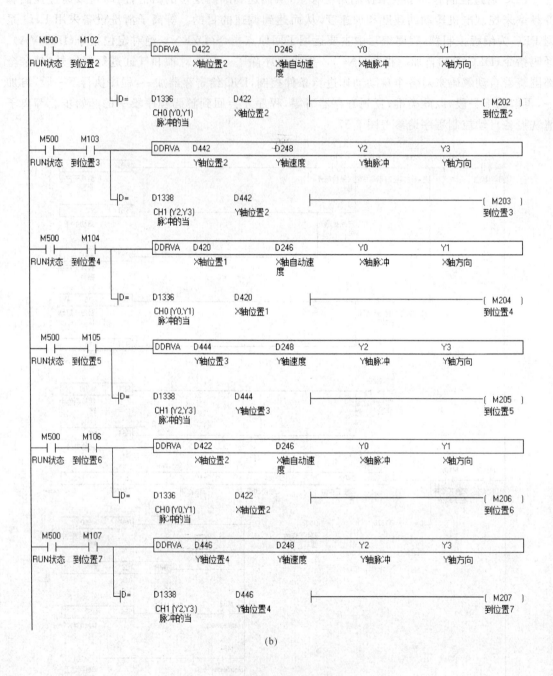

(b)

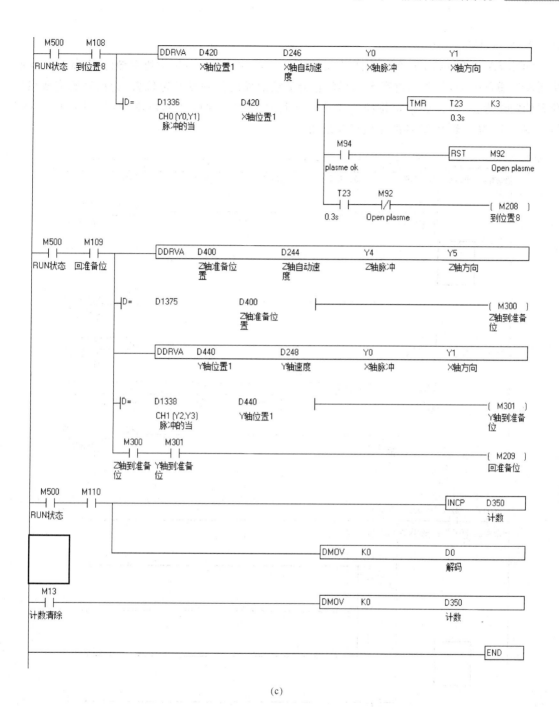

(c)

**图 7-57　等离子清洗设备自动控制程序**

当 DZRN 指令执行时,加速至原点复位速度 S1 开始移动。当 S3 近点信号由 OFF 变为 ON 时,会根据加减速时间设置减速至寸动速度 S2。当 S3 近点信号由 ON 变为 OFF 时,在脉冲输出停止的同时,脉冲的现在值会被写 0。在设备中主要是控制 X、Y、Z 轴回原点。图 7-58 为 X、Y、Z 轴回原点的指令程序。工程运用中,首先由 Z 轴先回原点,退到运动的安全高度,在安全高度下,X 轴和 Y 轴可避免碰触产品,因此程序中 X 轴和 Y 轴回原点的触发条件是 Z 轴已回原点。

DDRVA 和 DDRVI 指令不同的是，DDRVA 使用的是目标位置的绝对地址值，如果在运行中暂停后重新驱动，只要不改变 S1 的值，它会延续前面的行程朝目标位置运行，直到完成目标位置的定位为止，所以如果定位控制需要在运行过程中多次停止和再驱动，应用 DDRVA 指令。图 7-59 为 X 轴和 Y 轴的定位指令运用。

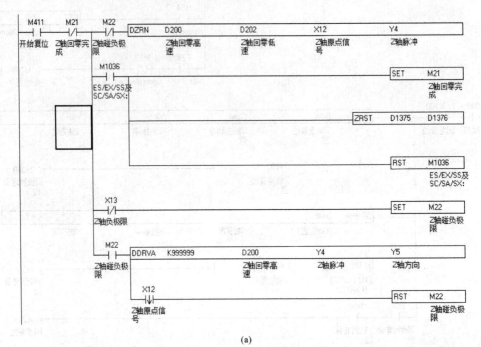

(a)

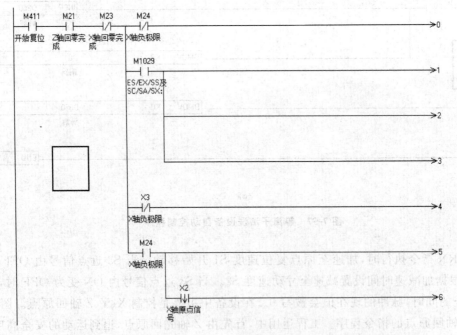

(b)

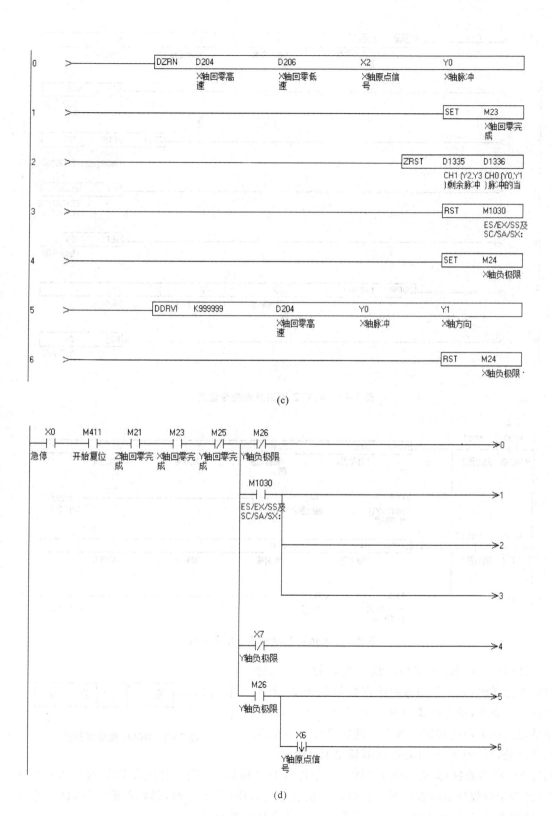

(c)

(d)

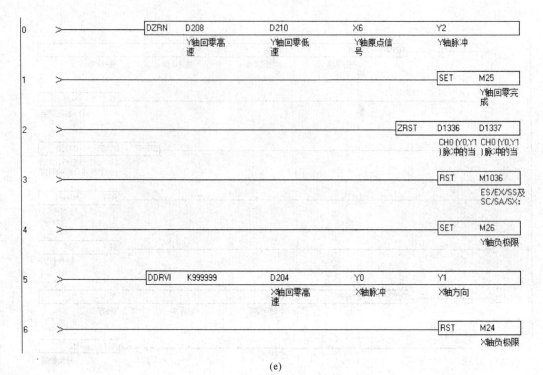

(e)

图 7-58　X、Y、Z 轴回原点指令运用

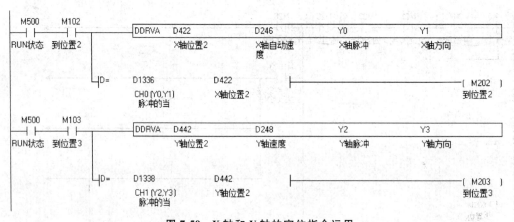

图 7-59　X 轴和 Y 轴的定位指令运用

译码指令（DECO）是将源操作数 S 的 $n$ 位二进制数进行译码，其结果用目的操作数 D 的第 $2^n$ 个元件置 1 来表示，指令格式如图 7-60 所示。图 7-61 程序结合运用了译码和加一指令。例如，M101 行的执行条件是，M100 行中的条件全部满足且 D10 加 1；同理 M102 行想执行，必须满足 M101 行条件且 D10 再加 1 方可。每触发 INC 指令加 1 到 D10 中，译码中的程序也随着往下一行执行。也就是说，D10 等于 1 时，译码在第一行，D10 等于 2 时，译码在第二行，而 INC 加 1 的前提是一行的条件全部导通。

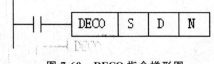

图 7-60　DECO 指令梯形图

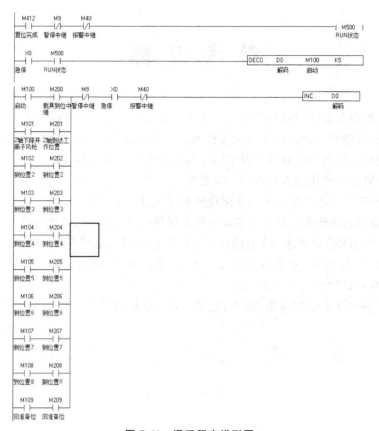

图 7-61 译码程序梯形图

# 参 考 文 献

[1]张文毓.智能制造装备的现状与发展[J].装备机械,2021(04):19-23,77.

[2]唐宇,张一艳.智能制造需要的十大关键技术[J].测井技术,2020,44(05):515.

[3]荣伟.智能制造与先进数控技术的发展[J].湖北农机化,2020(04):59.

[4]江贤勇.智能制造与先进数控技术[J].湖北农机化,2019(23):16.

[5]蔡晓艳.上海智能制造产业技术创新路径研究[D].上海:上海工程技术大学,2018.

[6]刘星星.智能制造推动我国装备制造业升级发展研究[D].福州:福建师范大学,2017.

[7]高建中,王战中.智能制造技术与系统的产生与发展[J].石家庄铁道学院学报,2001(04):55-58.

[8]唐立新,杨叔子,林奕鸿.先进制造技术与系统 第二讲 智能制造——21世纪的制造技术[J].机械与电子,1996(02):33-36,42.

[9]刘忠伟.先进制造技术[M].4版.北京:电子工业出版社,2017.